北京北建大城市规划设计研究院有限公司
"详细规划编制管理体系优化研究"项目资助

大数据赋能
街 景 规 划

生活性街道空间视觉环境评价与优化

孙立　邱怡凯　钟威　杨震　张志杰　著

华中科技大学出版社
http://press.hust.edu.cn
中国·武汉

图书在版编目（CIP）数据

大数据赋能街景规划：生活性街道空间视觉环境评价与优化 / 孙立等著. -- 武汉：
华中科技大学出版社, 2024. 12. -- ISBN 978-7-5772-1431-3

Ⅰ. TU984.11-39

中国国家版本馆CIP数据核字第2024GA6070号

大数据赋能街景规划：　　　　　　　　　　　　孙立　邱怡凯　钟威　杨震　张志杰　著
生活性街道空间视觉环境评价与优化
Dashuju Funeng Jiejing Guihua: Shenghuoxing Jiedao Kongjian Shijue Huanjing Pingjia yu Youhua

出版发行：华中科技大学出版社（中国·武汉）		电话：（027）81321913	
地　　址：武汉市东湖新技术开发区华工科技园		邮编：430223	

策划编辑：张淑梅	封面设计：王　娜
责任编辑：李曜男	责任监印：朱　玢

印　　刷：武汉科源印刷设计有限公司
开　　本：710 mm×1000 mm　1/16
印　　张：14.5
字　　数：234千字
版　　次：2024年12月　第1版第1次印刷
定　　价：98.00元

投稿邮箱：zhangsm@hustp.com
本书若有印装质量问题，请向出版社营销中心调换
全国免费服务热线：400-6679-118 竭诚为您服务
版权所有　侵权必究

作者简介

孙 立　日本东京大学都市工学博士，北京建筑大学建筑与城市规划学院教授，中国城市规划学会理事，注册城乡规划师，北京北建大城市规划设计研究院有限公司总规划师。

邱怡凯　北京建筑大学建筑与城市规划学院城市规划硕士，中国中建设计研究院有限公司规划师。

钟 威　深圳市蕾奥规划设计咨询股份有限公司副总规划师，注册城乡规划师。

杨 震　北京大学城市与环境学院理学博士，北京建筑大学建筑与城市规划学院副教授。

张志杰　北京北建大城市规划设计研究院有限公司院长，注册城乡规划师。

内容简介

　　本书以生活性街道为研究对象，对其视觉环境展开系统研究，旨在解答不同街景要素特征对视觉感知影响程度有何差别和基于街景要素构成差异如何优化生活性街道空间两个问题。主要研究内容包括背景及基础理论研究、生活性街道空间要素与视觉环境关联分析、生活性街道空间视觉环境评价方法构建以及实证研究等。本书涉及城市规划、环境心理学、计算机视觉、大数据分析等多个学科领域，可推动学科交叉融合。本书引入大数据和街景图像技术作为新的研究方法，可以丰富城市规划领域的研究方法，为相关理论的发展提供新的支持。

前言

　　现今社会，随着城市居民生活水平的提高，生活性街道空间功能逐渐完善，但同时也逐渐暴露出布局混乱和组织无序等问题。国内许多城市提出了街道设计导则，其共性可归于关注使用者的主观感受，追求街道空间品质改善与提升。因此，优化行人感知体验，满足行人对高品质人居环境的需求，是街道空间设计和管理的重要目标。此前针对生活性街道的相关研究多聚焦于定性视角，已无法满足当下的需求，如今街景图像的普及与计算机视觉的发展改善了传统方法尺度小、主观性强等不足，成为本研究的重要契机。

　　在此背景下，首先需要厘清行人视觉需求、生活性街道空间视觉感知问题及成因和优化思路等基本问题，并提出本研究核心研究问题：不同街景要素特征对视觉感知影响程度有何差别？基于街景要素构成差异如何优化生活性街道空间？本研究对现有评价指标体系进行了补充完善，在建筑、绿化等可意向的高级视觉特征基础上，采用计盒维数、外部形状指数和二维熵方法对街景中的像素级视觉特征（如线条、形态和肌理等）进行量化；邀请专家进行视觉感知主观评价，基于 TrueSkill 算法将图像排名数据转化为得分数据，并将主客观指标相结合，通过多元线性回归进行视觉感知影响因素的分析；以北京市海淀区735 条生活性街道为例，基于街景图像构建生活性街道空间视觉环境评价模型，建立起街道空间研究与城市更新实践之间的联系。

研究结论如下。

（1）在感知得分空间分布特征方面，海淀区生活性街道空间视觉感知得分分布较为均衡，整体空间分布呈现中部高、南北低的特点。高感知评价空间以科技园区和科研院校为主，建筑界面丰富，环境较好；低感知评价空间人口密度较高，建筑相对老旧，街道绿视率较低，视觉环境欠佳，公平性亟待提高。

（2）在评价指标空间分布特征方面，整体视域空间较为开阔，建筑界面围合度较低，区位差异显著；自然要素占比较为适中，天空要素分布较为均衡，绿化水平较低；视域空间安全感有待提升，机动车道占比和机动化程度较高，行人出现率和人行道占比较低；行人视觉丰富度较高，街道空间要素线条较为丰富，视觉复杂度较高，建筑界面形态较为破碎，存在一定的视线遮挡，街道空间光影、材质等肌理较为丰富。

（3）在视觉感知影响因素方面，生活性街道空间要素类型及特征均会对视觉感知产生不同程度的影响。机动车出现率、天空开阔度、建筑界面围合度对视觉感知具有负向影响且影响程度逐渐减弱，人行道占比、机动车道占比、行人出现率、绿视率、计盒维数、二维熵和外部形状指数对视觉感知具有正向影响且影响程度逐渐减弱。

（4）在优化建议方面，通过控制建筑尺度、完善底层空间、丰富空间层次，打造视野宜人、层次丰富的开放性街道；通过绿化布局合理、绿化配置多样、街道家具舒适，打造景致优美、绿化多样的舒适性街道；通过梳理道路结构、细化道路设计、强化街道导向，打造空间安全、体验丰富的安全性街道；通过细化第一轮廓、规范立面秩序、营造积极空间，打造印象多元、视觉协调的丰富性街道。

本研究加入解构视觉的方法，拓展了生活性街道空间视觉环境评价指标体系，借助街景大数据拓展了街道空间研究的广度与深度，为规划师、决策者制订规划策略和城市更新方案、整治优化生活性街道空间、改善行人感知体验打下基础。

目录

1

绪论

1.1 研究背景

1.1.1 街道是展现城市治理水平的一项重要议题

在城市精细化治理的时代背景下，街道成为展现城市治理水平的一项重要议题。中国城镇化发展经历了由粗放扩张向精细理性方向的转变，街道所发挥的作用逐渐从交通运输转向日常生活交流，街道空间环境成为居民关注重点。

《中共中央 国务院关于进一步加强城市规划建设管理工作的若干意见》第十六条指出要树立"窄马路、密路网"的城市道路布局理念，这是优化街区路网结构的重要前提。该理念的提出将提升对街道和街区的重视程度，体现了以新时代存量空间品质化转型为导向的街道空间重塑，是实现城市可持续发展的关键。在顶层调控的指导下，国内许多城市相继出台街道设计倡议和城市更新政策，如《北京西城街区整理城市设计导则》《上海市街道设计导则》等。各城市街道设计导则的共同之处可归于关注使用者的主观感受，追求高品质的街道空间环境。以使用者的感受与需求为出发点，营造高品质街道空间环境是城市规划工作的重点，也是规划师追求的目标。

1.1.2 良好的视觉环境对生活性街道优化十分必要

人类获取外界信息的方式多样，包括视觉、听觉、触觉、嗅觉和味觉五种主要途径。其中，视觉处于最重要的地位。视觉不仅是人类获取外界信息的主要方式，更是理解和认知客观世界的重要途径。人们通过视觉来认知自己所在的空间环境，根据视觉信息确定自身在空间中的位置，进而对空间的尺度进行判断。这些视觉信息共同构成了人们对空间的整体认知，进而影响人们的行为活动。在满足基本物质空间需求后，人们在精神层面上的审美和体验要求也逐渐提高，视觉感知的舒适性和美学体验成为现代空间营造的不可忽视的因素。

生活性街道是分布最广泛、承载人们日常活动最多的公共空间，其视觉环境的营造尤为重要。随着城市居民物质生活水平与消费需求的不断提升，生活性街道空间功能逐渐完善，生活性街道中的混乱和无序问题也日益凸显，人们在杂乱的街道空间中搜索信息效率较低，极易产生混乱、烦躁等情绪。因此，在规划设计生活性街道空间时，必须充分考虑行人的视觉需求，确保街道整洁有序、信息丰富、充满吸引力、具有安全感，塑造良好的街道形象。

1.1.3 大数据驱动下生活性街道优化面临新机遇

过去，受技术手段的制约，人们对街道空间的认识较为主观且难以统一。随着大数据及人工智能的应用发展，大数据已成为各行各业探究人类社会中一些非直观现象的有力工具，图像数据在城市研究领域中的价值被挖掘出来。大数据在街道空间中的应用不仅体现为数据量的扩充，更重要的是体现为对数据进行深度分析的能力。相较于文本描述，作为一种补充手段，图像数据分析对于空间的分析更为精准与凝练，能够更为直观地展现空间形态特征。

生活性街道空间受人、车、路和环境等多重因素共同作用。这一过程并非简单的二维平面要素叠加，而是基于三维空间视觉信息的综合体现。新数据环境的兴起，为空间环境的测度带来了前所未有的机遇。利用以谷歌、百度、腾讯等为代表的街景地图，通过360°全方位视角，能够快速获得不同时间点的街道空间场景信息。街景图像不仅获取途径简便，而且蕴含丰富的空间信息，为生活性街道空间的定量化与科学化设计提供了有力支持。

1.2 研究问题

随着街道研究由城本视角转向人本视角，行人的感知体验成为关注重点。街景图像的普及与计算机视觉的发展为街道空间视觉环境评价提供了新的机遇。基于此，本研究从行人视觉感知的角度出发，以街景图像构成行人视觉感知"场景"，意在通过研究解答如下两个方面的问题。

1.2.1 不同街景要素特征对视觉感知影响程度有何差别？

生活性街道对行人视觉的感知刺激是由多种要素综合形成的，既包括形态、线条、颜色等街景要素像素级视觉特征，也包括天空、建筑、绿化等具有属性的街景要素高级视觉特征。以往研究常以图像语义分割后的街道构成要素并结合街道宏观特征构成街道空间的指标体系，而对街景中的像素级视觉特征缺乏清晰的量化标准。因此，需要完善生活性街道空间视觉环境评价指标，探究不同街景要素特征对行人视觉感知的影响。

1.2.2　基于街景要素构成差异如何优化生活性街道空间？

以往关于生活性街道空间视觉环境的研究多从微观视角出发，缺乏宏观的系统考量，大数据时代来临为生活性街道空间视觉环境评价大规模测度提供了机遇。由于不同生活性街道构成要素存在差异，视觉环境主要影响因子不尽相同。在对其进行整体评价、系统梳理的基础上，综合评价结果和不同街道街景要素构成的差异，提出生活性街道空间视觉环境的优化建议，解决局部视觉环境感知较差问题，是当下城市高质量发展必须完成的任务。

1.3　研究目的与意义

1.3.1　研究目的

本研究将从行人视觉需求的角度出发，通过梳理国内外相关基础理论与文献，总结生活性街道空间视觉环境影响因素，以街景图像为载体构建生活性街道空间视觉环境评价方法，并以案例实证，分类提出切实可行的生活性街道空间视觉环境优化建议，塑造高品质的生活性街道空间环境。具体研究目的如下。

（1）剖析生活性街道空间视觉环境影响因素。通过深入剖析生活性街道空间视觉环境现状问题并结合行人的视觉需求进行归纳，精准把握空间要素对视觉感知的具体影响途径，总结生活性街道空间视觉环境的关键影响因素，为后续的评价与优化奠定坚实的理论基础。

（2）构建全面、科学的生活性街道空间视觉环境评价方法。目前生活性街道空间视觉环境评价指标尚未形成统一体系，本研究从行人视觉需求出发，通过解构视觉的方式，不仅关注要素类型，更深入探讨视线遮挡、景物分割、光影变化与行人视觉感知的关系，力求系统量化街道空间要素，在此基础上，从开放性、舒适性、安全性、丰富性四个维度建立全面、科学的评价指标体系。

（3）进行生活性街道空间视觉环境评价。通过北京市海淀区生活性街道空间视觉环境评价案例实证，结合评价结果及不同街道街景要素构成的差异，总结典型案例街道特征，为生活性街道空间视觉环境优化提供有益的参考和借鉴。

（4）提出生活性街道空间视觉环境优化建议。结合对生活性街道空间视觉环境差异分析将生活性街道分成开放性街道、舒适性街道、安全性街道和丰富性街道四类，并分类提出生活性街道空间视觉环境优化建议。

1.3.2 研究意义

1.3.2.1 理论意义

（1）依托新技术手段实现街道空间视觉环境的大规模测度。目前，城市规划领域学者的研究多聚焦于城市的中微观层面，对宏观尺度的城市区域研究尚显不足。本研究充分发挥街景数据客观真实、要素丰富及采集方便的优势，在宏观尺度上拓展了城市街道空间研究。

（2）进一步加入解构视觉的方法，拓展生活性街道空间视觉环境评价指标体系。本研究在图像语义分割的基础上进一步加入解构视觉的方法，以外部形状指数、计盒维数和二维熵分别表征街道空间形态、线条和肌理，拓展了生活性街道空间视觉环境评价指标体系，为在人本尺度下感知评价提供了有益的补充。

1.3.2.2 实践意义

生活性街道是居民感知城市最直接、最关键的要素，良好的街道空间视觉环境对城市高质量发展具有重要意义。本研究以信息量化视觉，以数字的方式描述街景，通过对研究案例评价指标的解读，精准、客观描述生活性街道空间视觉环境现状，发现生活性街道空间视觉环境影响因素，为城乡规划师、决策者制订规划策略和城市更新方案，以及管理街道环境提供帮助，为整治优化生活性街道空间视觉环境、满足行人视觉需求打下基础。

1.4 研究对象与概念界定

1.4.1 生活性街道

生活性街道的概念，最早由牛津布鲁克斯大学的 Alan March 提出，他认为这类街道应展现出熟悉性、独特性、易读性、安全性、舒适性和可达性等特征。荷兰代尔夫特市在人车共存理念的实践过程中，提出了 woonerf 的概念，即生活性道路，旨在营造和谐共生的街道空间。在李德华主编的《城市规划原理（第三版）》一书中，生活性街道被释义为解决城市中的人、交通与建筑间空间联系的桥梁。这些理论和实践，为我们深入理解生活性街道的内涵提供了有益参考。

目前生活性街道的界定通常依据街道功能与交通等级综合考量。黄婧从交通等级、社会属性及场所性对生活性街道进行了多维度界定。薛钟燕指出，相较于交通性街道，生活性街道更关注市民生活与生产活动，交通组织形式更为复杂，对街道空间要求更为严格。这一观点凸显了生活性街道的特殊地位，强调了其在交通组织和空间规划上的特殊性。

生活性街道作为城市空间的重要组成部分，广泛分布于居住区周边，多为城市次干道和支路，不仅为周边居民提供了满足日常生活所需的便捷条件，更承载了丰富的社会功能，是居民进行社会交往、休闲娱乐的重要场所。部分地区居住功能与商业功能相互渗透，无明显的功能分区界线，城市主干道也融入了市民的日常生活和社会交往中。

因此，本研究综合上述不同学者的概念界定和生活性街道空间特征（表 1-1），将部分承载市民生活、交通及社交场所的城市主干道也纳入城市生活性街道，但将城市快速路、高架桥、隧道等行人无法通行的道路排除在外。

表 1-1 生活性街道特征描述

街道类型	图片示意	特征描述
生活性街道干路		1. 服务对象涵盖不同年龄结构的居民群体 2. 限制车速，保障行人通行路权 3. 沿街生活服务设施完善，提供多样化的活动、休憩等场所空间，满足居民生活需求
生活性街道支路		

（资料来源：作者自绘）

1.4.2 视觉环境

作为人的基本感觉，视觉既能直接获取外界信息，又是人类感知环境的主要手段，在人体活动中扮演了非常关键的角色。视觉感知由"感"与"知"两大要素共同构成。其中，"感"指的是人的感官对外界环境带来的生理刺激进行接收，而"知"则是将这些刺激通过感官传递至大脑后，在心理层面产生的认知。

视觉感知相关研究涉及城乡规划、旅游学、建筑学等各个学科，但对于视觉环境这一术语尚未有统一的概念界定。李春发等（2009）提出视觉环境这一概念，认为视觉环境是指人对客观环境的视觉感知。姚玉敏等（2012）将普通人裸眼所能感知到的景观环境定义为景观视觉环境。环境依赖于个体感知而存在，如果环境无法被个体感知，那么环境客体即使存在，也失去了应有的意义。由于视觉环境具有较为显著的主观性，开展相关研究时不仅要关注空间要素，更要关注个体需求。

因此，视觉环境由个体对实体环境进行视觉感知反映，由街道空间环境和个体对街道空间环境的感知两个方面同时发生作用（图1-1）。

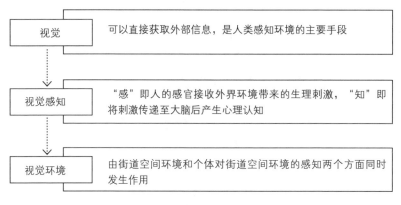

视觉	可以直接获取外部信息，是人类感知环境的主要手段
视觉感知	"感"即人的感官接收外界环境带来的生理刺激，"知"即将刺激传递至大脑后产生心理认知
视觉环境	由街道空间环境和个体对街道空间环境的感知两个方面同时发生作用

图 1-1 视觉环境相关概念界定

（图片来源：作者根据相关文献绘制）

1.5 研究内容与研究方法

1.5.1 研究内容

本研究以生活性街道为研究对象，对其视觉环境展开系统研究；结合行人视觉需求，以街景图像为数据载体，从开放性、舒适性、安全性、丰富性四个维度构建生活性街道空间视觉环境评价方法；以北京市海淀区为案例实证，分析其街道空间视觉环境现状特征，根据街景要素构成差异提出街道分类优化建议。本研究主要包括以下内容。

（1）背景及基础理论研究。收集整理国内外与生活性街道、街景图像及视觉感知相关的研究文献，了解相关研究进展，发现现有研究的不足，为本研究提供理论基础。

（2）生活性街道空间要素与视觉环境关联分析。本研究以行人视觉需求为切入点，对生活性街道空间视觉环境现状问题及成因进行系统分析，提出生活性街道空间视觉环境优化原则，从空间开放性、空间舒适性、空间安全性、空间丰富性四个方面探讨生活性街道空间视觉环境影响因素，为建立视觉环境评价指标体系奠定基础。

（3）生活性街道空间视觉环境评价方法构建。首先，对相关文献中涉及的视觉环境评价指标进行筛选，确立评价指标体系。其次，对街景图像进行专家评分，基于

TrueSkill 算法将图像排名数据转化为得分数据，并通过随机森林算法实现对大范围街景图像评分的预测。最后，通过多元线性回归模型将主观感知评价数据与客观指标数据相结合。

（4）生活性街道空间视觉环境评价。生活性街道空间视觉环境评价分为以下五个部分：第一部分是海淀区研究区域概况；第二部分是生活性街道空间视觉环境得分空间分布特征；第三部分是生活性街道空间视觉环境评价指标空间分布特征；第四部分是构建多元线性回归模型，探究生活性街道空间视觉环境影响因素；第五部分是基于感知评价结果分别选取高值、低值案例街道进行街景差异性分析，归纳总结不同类型街道中街景要素影响视觉感知的规律特征。

（5）生活性街道空间视觉环境优化建议。基于街景要素构成差异，将生活性街道分成开放性街道、舒适性街道、安全性街道和丰富性街道四类，分类提出生活性街道空间视觉环境优化建议。

1.5.2 研究方法

本研究通过收集国内外生活性街道相关研究的文献，归纳相关的研究理论与实践方法，总结出可量化的街道空间视觉感知评价因子，以街景数据为基础数据，以地理信息系统软件 ArcGIS 为主要工作平台，结合 Python 编程软件、机器学习、SPSS 统计软件进行量化分析，并结合实证分析探讨生活性街道空间视觉环境影响因素，具体包括以下研究方法。

1.5.2.1 文献研究法

本研究对国内外关于生活性街道、视觉感知、街景图像数据等的文献内容进行整理、归纳和总结，研究该领域已有研究成果及最新动态，厘清生活性街道及视觉环境的概念和内涵，提出生活性街道空间视觉环境评价方法，奠定了研究基础。

1.5.2.2 图像量化分析法

本研究以街景图像为载体，通过图像量化分析方法建立评价体系，包括街景要素类型及特征识别与提取和专家评价打分两个方面。

（1）图像语义分割：图像语义分割技术在城市空间分析与街景要素提取方面发挥着重要作用。为了提高街景图像要素识别的准确性和效率，本研究基于 ADE20K

开放图像数据集训练的 FCN 模型框架，对街景图像要素进行自动识别，实现对街道空间特征信息的精准、快速、大规模识别与获取。

（2）图像数据处理：通过自适应阈值法将街景图像进行二值化处理，以 Canny 边缘检测算法得到图像边缘信息，计算街道空间计盒维数，反映街道空间线条丰富程度；在图像语义分割的基础上提取建筑要素，通过计算建筑要素外部形状指数，反映街道视线遮挡和分割情况；二维熵能够体现街景图像中各像素及其邻域内灰度分布的综合特征，通过计算二维熵来反映街道空间光影、材质及肌理等因素。

（3）基于 TrueSkill 算法评价模型：在街景图像主观感知评价方面，采用图像评分程序对街景图像进行专家评分，并基于 TrueSkill 算法将图像排名数据转化为得分数据，通过随机森林算法进行大规模计算。该方法可以快速有效地评估区域生活性街道空间视觉环境。

1.5.2.3　空间分析法

本研究通过 ArcGIS 空间分析方法对街景图像数据信息进行空间可视化，在 ArcGIS 平台中将街景数据和街道数据进行精确匹配，以每段街道为基本单元计算各类街景要素数值；通过自然断点法对评价指标数值进行分类，并进行空间分布可视化，以便于后续分析生活性街道空间视觉环境现状并有针对性地提出优化建议。

1.5.2.4　数据分析法

本研究通过多元线性回归模型探究生活性街道空间视觉环境影响因素，以专家评分数据为因变量，以街景图像数据为自变量构建多元线性回归模型，通过解释专家评分数据与多个街景图像自变量之间的线性关系，探究生活性街道空间视觉环境影响因素。

1.5.2.5　实证分析法

本研究基于主观感知评价选取典型案例街道进一步进行实地调查和问卷调研，对视觉感知与生活性街道空间视觉环境之间的关系进一步进行细粒度研究，以期为精细化改进生活性街道空间视觉环境提出优化建议。

1.6 技术路线

技术路线图如图 1-2 所示。

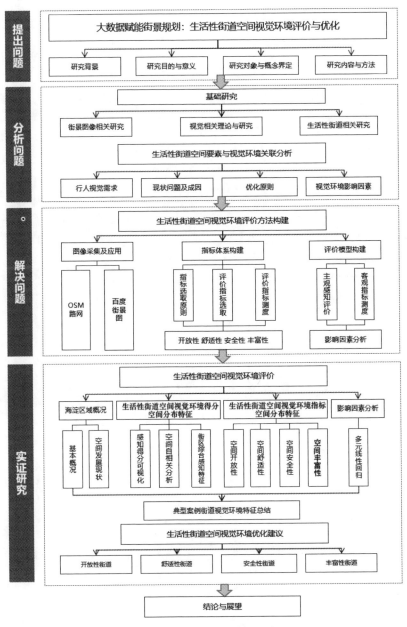

图 1-2 技术路线图

基础研究

2.1 视觉相关理论与研究

视觉环境是个体与周边环境交互的重要媒介，对个体感知体验具有重要影响。因此，在城市研究中，视觉环境影响视觉感知的相关研究受到了极大的关注。为探究生活性街道空间视觉环境评价方法，我们需要先了解人眼的生理结构，掌握其生理特征和运行机制，进而探究视觉环境如何影响人的心理状态，同时，对现有的视觉感知的量化方法进行归纳和总结，为进一步开展量化研究奠定基础。

2.1.1 人眼生理结构

人眼是人类最重要的感知器官，是一个极其精密而复杂的视觉结构，可以准确地分辨出物体的形状、颜色和亮度等信息，进而形成心理感受。光线首先穿透眼球最外层的透明结构角膜，然后进入由虹膜环绕的瞳孔区域。瞳孔后方的晶状体在视网膜成像过程中发挥着重要作用。晶状体通过肌肉来调节曲度，准确地调节光线的聚焦，从而确保适量的光线准确地集中到眼球后方的视网膜上，使视网膜能够捕捉到这些光线并转化为视觉信号（图2-1）。在这个过程中，视觉系统捕捉的是物体在二维平面上的投影，即物体的影像。

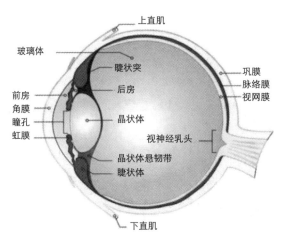

图 2-1 眼球的生理结构
（图片来源：百度图片搜索）

2.1.2 行人视觉范围

视域是指人眼在视线固定的状态下能够观察到周边环境的角度范围。由于人眼生理构造精细，行人通过对观察范围内的物体进行分区扫描，进而获得视觉信息。因此，视域和视觉距离的范围构成了个体在感知其周围环境时的理论依据。

行人主要视域范围是一个以身体前方为中心的不规则圆锥体结构，按视域方向可以分为水平视域和垂直视域两个部分（图2-2）。在水平方向上，单眼视域范围可达到156°。双眼之间有部分重叠区域，视域范围约为124°，在这一视域范围内，物体因双眼的协同作用而呈现显著的三维特性，使观察者能够感知物体的立体感。视域中心存在一片特殊区域，其范围极为狭窄但精度极高，被称为斑点区。当行人位于单眼视域60°范围以内时，视觉体验最为舒适。在垂直方向上，人眼视域范围为视平线向上50°到向下70°，构成一个约120°的视角。因此，正常情况下，行人自然视线在水平线以下10°的位置。在视觉画面中，地平线通常位于画面偏下三分之一处。

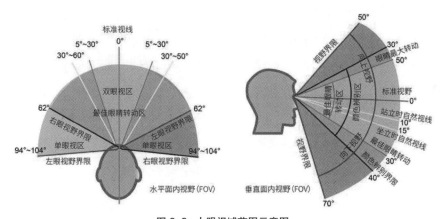

图2-2 人眼视域范围示意图
（图片来源：https://led3d.com/VR_FOV_resolution.html）

2.1.3 视觉感知相关理论

结合相关文献，本研究对视觉感知相关理论进行归纳与整理，具体内容如表2-1所示。

表 2-1 视觉感知相关理论

名称	作者	核心观点
认知负荷理论	Sweller J	个体信息加工时心理总量相对固定, 过量的刺激和环境信息会影响人们信息加工的能力
减压理论	Roger Ulrich	处于自然环境中对于缓解压力和减轻负面情绪具有积极作用
注意力恢复理论	Kaplan R & Kaplan S	自然环境在恢复定向注意力方面发挥着重要作用
场所依赖理论	Williams & Roggerbuck	场所依赖与个人偏好对于自我恢复力感知具有显著的影响

（资料来源：根据参考文献整理）

2.1.3.1 认知负荷理论

Sweller J 从认知负荷角度出发, 认为个体在信息加工过程中所拥有的心理资源是有限的, 并根据个体处理信息的不同过程, 将认知负荷分为外在认知负荷、内在认知负荷以及相关认知负荷三个主要类别。

外在认知负荷由个体接收的视觉信息决定, 这类认知负荷受多种因素影响, 包括感知信息组织形式及信息容量、形状、大小和颜色等; 内在认知负荷由个体与外在信息的交互作用引起, 不同的交互方式对个体的认知荷载产生不同影响, 不同的呈现方式和组织架构可能会使个体对相同的视觉信息产生不同的认知负荷; 相关认知负荷主要是指个体在处理信息过程中能够调用的心理资源总量, 一般认为不同个体之间心理资源总量存在差异性, 主要受文化、地域、年龄等因素的影响, 同一个体不同时间的心理资源总量也可能表现出一定的差异性。

个体在接收视觉信息时, 必然会产生一定程度上的认知负荷, 想要达到零负荷状态是不现实的。为减少认知负荷, 业内从认知负荷结构的角度出发, 提出了降低外在认知负荷、优化内在认知负荷及提高相关认知负荷三个优化方向（图 2-3）。降低外在认知负荷关键在于优化信息呈现方式。Lewicka M（2010）指出, 在信息处理过程中, 冗余的信息会产生一定干扰, 从而加重个体的认知负荷。因此, 优化信息表征顺序, 减少外在信息间的相互干扰, 可以有效减轻外在认知负荷, 从而提升个体信息处理水平。优化内在认知负荷主要通过改进外在信息的组织形式及个体与外在信息之间的交互过程，从而降低认知负荷。将复杂的样例拆分为多个连续的部分，可以改变个体在处理信息时的认知负荷，进而提升个体认知负荷的承载容量。相关认知负荷，实质上是个体在信息处理过程中的心理资源总量。持续性地引入具有相似性的外在信息，能够有效地激发个体的内在认知动力，提升信息处理效率。

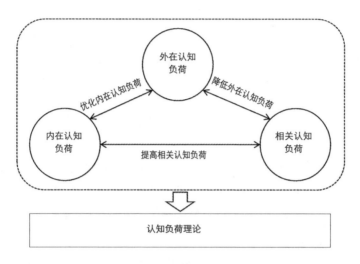

图 2-3　降低认知负荷模式

（图片来源：作者自绘）

2.1.3.2　减压理论

减压理论的核心在于揭示自然环境对于个体缓解压力和消除负面情绪的重要作用。当个体面对危险或挑战时，会产生心理、生理和行为上的压力反应，导致个体注意力分散。然而，接触到良好的自然环境后，个体情绪状态将发生积极转变，积极情绪增强，消极情绪减弱。因此，良好的自然环境在缓解个体压力和减轻负面情绪方面发挥着积极作用。

2.1.3.3　注意力恢复理论

"定向注意"和"自发注意"概念由卡普兰夫妇在关于注意机制的研究中提出，是注意力恢复理论的核心概念。该理论指出，个体在恢复性环境中，通过调动自发注意力资源，能够实现身心恢复，此过程不会消耗注意力资源。此外，根据注意力恢复理论，个体在特定的环境中休息和放松，远离定向注意，其注意力资源可以得到有效恢复。在对恢复性环境的研究过程中，卡普兰夫妇进一步提出了恢复性环境应具备的四个特征：距离性、延展性、魅力性和兼容性。

2.1.3.4　场所依赖理论

场所依赖理论由威廉姆斯和罗根布克于 1989 年共同提出，是关于人与环境感知间关系的理论成果。与减压理论和注意力恢复理论有所不同，场所依赖理论更侧重环境偏好、场所依赖与恢复体验的联系。该理论明确指出，场所的依赖程度及个体偏好对自我恢复力的感知具有显著影响，如在熟悉的家中，个体往往具有更强的自我恢复力。

2.1.4　视觉感知相关研究

视觉感知分析方法在城市设计、建筑学及景观学等领域得到了广泛应用，按时间发展顺序可以分为经验性评价和定量化研究，根据关注重点可大致分为两个阶段：第一阶段侧重经济效益和城市建设，重点关注城市形态；第二阶段更加强调以人为本，关注空间形态与个体视觉需求的关系。

2.1.4.1　国外研究

早期视觉评价方法主要依赖个人经验或问卷调查，具有较强的主观性。尽管数据处理过程中引入了一些量化方法，但整体来看，评价方式仍缺乏科学依据，是一种偏定性的评价方式，其准确性和可靠性有待进一步提升。许多国外学者从心理学角度的视知觉原理出发，提出了视觉感知评价的主要观点，如表 2-2 所示。

表 2-2　国外学者视觉感知定性评价

学者	著作	观点主张或研究内容
卡米诺·西特	《城市建设艺术：遵循艺术原则进行城市建设》	广场空间的尺度与周边建筑高度之比宜为 1~2，即符合 $1 \leq D/H \leq 2$ 的比例关系
芦原义信	《街道的美学》	在营造外部空间中，高宽比是决定空间感受和视觉效果的一个重要因素，通过高宽比可以有效判定人的视觉感受
鲁道夫·阿恩海姆	《建筑形式的视觉动力》	全面深入研究了视知觉规律，将心理学与建筑形式相融合，探讨建筑对人的视觉条件及心理作用的影响

（资料来源：根据参考文献整理）

随着计算机的普及与发展，部分学者开始将计算机量化分析方法应用于城市空间视觉分析的相关研究。Benedikt M L（1979）首次运用数学方法对 isovist 进行界定，即从某一视点出发，在三维空间中所有能被平滑凸边界包围的可见点的集合。此方法为后续量化分析物质空间与人眼视觉感知之间的联系奠定了基础，在城市和建筑空间等多个领域的研究中得到了广泛应用。

在视觉感知影响因子方面，学者从不同角度探究视觉感知影响因子。Alvarez 等（2004）深入探究了视觉感知过程中注意力的消耗与物体数量的关系；Itti L（2005）聚焦于视觉感知过程分析，特别是显著位置对视觉感知的影响，发现个体更容易关注处于显著位置的物体；Mehta V（2008）指出，街道空间视觉环境对视觉感知具有显著影响，街道步行性也会对个体视觉感知过程产生显著作用。

在视觉感知评价媒介方面，学者通常以照片模拟环境的方式获得公众对场景的感受和评价。Sheppard S R J（1989）和 Iii A E S（1993）的研究发现，以图片或幻灯片为媒介在视觉感知评价研究中具有有效性。Iii A E S（1993）通过比较施工前线稿图纸与竣工照片，进一步验证了"模拟有效性假设"的可靠性。相关研究成果表明，照片模拟与现场直接评估获取的视觉偏好反馈具有高度一致性，是一种较为成熟的研究方法。目前，照片量化模拟已成为实际应用中的重要载体，涵盖了矢量线稿模拟、实景拼贴模拟和场景建模模拟三种主要形式。

2.1.4.2 国内研究

在中国学术期刊网络出版总库（CNKI）检索视觉感知主题词，获取文献 927 篇，经过筛选后选取了 692 篇。利用 VOSviewer 软件对文献进行关键词分析，可以发现，关键词"视觉感知"为研究中心，涉及"景观设计""深度学习""街景图像""眼动分析"等。

从视觉感知研究对象来看，研究涉及景观、城市街道、历史街区、城市滨水空间等内容。从关键词时序来看，2019 年之前，研究多关注景观设计、美学评价等内容；2020 年左右，研究对象更加多元，拓展到历史文化街区、城市街道、住区、城市滨水空间等，研究方法也由 SD 法拓展到深度学习、眼动分析、街景图像等。总体而言，视觉感知研究对象呈现多元化特征，研究方法由定性向定量转变（图2-4）。

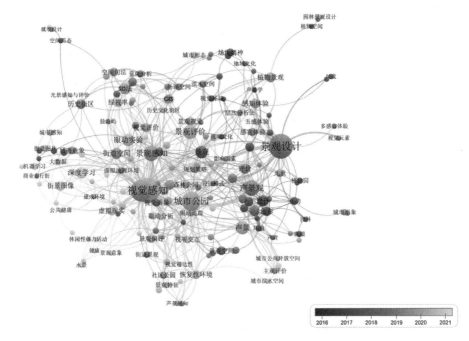

图 2-4 国内视觉感知研究关键词时序聚类图
（图片来源：根据知网检索数据绘制）

国内有关视觉感知的研究起步相对较晚，可大致分为以城市为研究对象的大规模研究和城市局部空间的研究两类。针对城市旧城更新的研究，如彭建东等（2015）选取襄阳古城护城河周边地区作为研究案例，对其城市空间环境的视觉感知进行全面系统定量评价。城市局部空间的研究，如基于视觉感知对古典园林视觉景观进行质量评价，以及邵钰涵等（2017）采用问卷调查和社会科学法等方式综合评价了城市景观视觉品质。

通过对视觉感知相关文献的梳理发现，结合街景图像方面的研究较少。基于街景图像的相关研究，大多集中在景观设计、质量评价及复杂性分析等领域，采用深度学习技术的相关研究也多从街景视角进行分析，对图像数据挖掘不够充分。二维图像信息丰富，包含线条、形态、色彩和肌理等特征，学者们采用不同方法挖掘图像信息。在线条方面，马兰等（2019）采用分形维数的方法，对建筑几何图形的视觉复杂度进行精确测算，证明了维数信息可以用来探索建筑外观背后的数字特征，并以苏州狮子林为例测度了浏览路径接收到的建筑视觉信息变化情况。严军等（2017）在滨水景观天际线的研究中引入分形理论，从宏观、中观、微观不同层面分析景观天际线立面层次和结构，研究结果表明植物在塑造景观天际线方面起到了主导作用。甘伟等（2020）从古城保护的角度出发，探究历史街区街景天际线分形特征，为古城的更新改造提供了依据。

在形态方面，外部形状指数常用于测得城市及村镇空间形态。为探究重庆市主城区空间形态演化过程，张治清等（2013）利用外部形状指数和分形维数深入系统地量化分析重庆市主城区空间形态及特征。杨震等（2020）采用外部形状指数和内部形状指数指标，分别描述历史村镇形态轮廓的复杂程度和空间肌理的破碎程度，对白洋淀地区 24 个历史村镇的空间形态进行分类，进一步探究其形态特征的形成原因。董贺轩等（2023）将外部形状指数应用到街道植物空间的研究，从尺度特征、界面特征及形状特征三个维度深入探究街道植物空间对步行愉悦度的影响机制。在图像肌理方面，韩君伟（2018）提出视觉熵概念，用视觉熵精准描述图像灰度分布的聚集特征，反映图像整体的"复杂程度"。

综上所述，国内视觉感知相关研究起步较晚，但近年来发展迅速，研究成果日益丰富。视觉感知研究对象包括景观、城市街道、历史街区等，由单一向多元方向发展；研究方法由定性逐渐转向定量，二维图像数据信息有待进一步挖掘。

2.2　生活性街道相关研究

2.2.1　生活性街道空间要素

不同学者从不同视角对生活性街道空间要素进行界定。龙瀛等（2019）认为街道空间要素主要由车行和人行空间、沿街建筑、绿植和公共设施等共同构成。冯旦将影响行人舒适度的街道空间要素划分为设施要素、界面要素和空间形态要素三个主要类别。结合相关理论研究和生活性街道特点，本研究将生活性街道空间要素界定为固定街景要素和流动街景要素两大类（图 2-5）。

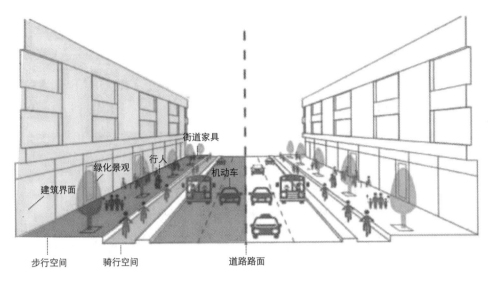

图 2-5 生活性街道空间要素

（图片来源：作者自绘）

2.2.1.1 固定街景要素

（1）道路路面。

在促进体力活动和提升街道安全性方面，道路路面要素发挥着关键作用。路面不仅承载交通和流线引导功能，更是街道景观空间的重要组成部分。对材质、色彩和形式进行设计，能够增强空间丰富性和层次感，使其与沿街建筑的色彩和材质相呼应，从而营造出更为和谐统一的街道空间。

（2）建筑界面。

建筑界面作为围合街道空间的关键要素，与街道相辅相成、互为依存。在物质空间构成方面，明确的空间界线必不可少，对于城市街道空间而言，建筑构成其主要空间边界的核心要素。因此，建筑界面在塑造街道的实体空间和视线廊道方面发挥着至关重要的作用。沿街建筑构成了行人视线廊道的主要组成部分，约占空间表面的五分之二，其余部分是路面、天空及街道尽头。

（3）绿化景观。

绿化景观主要是指生活性街道中的绿化、水景、花卉等自然要素。在生活性街道中，道路绿化形式多样，包括机非隔离带、行道树和人车隔离带。绿化设计不仅有助于打造宜人的街道环境，更能在一定程度上保障慢行空间的安全性。绿色能够带给行人视觉上的柔和舒适，有效缓解司机和行人在长时间开车和行走过程中产生的视觉疲劳。此外，绿色植物还能起到街道美化、建筑线条软化及老旧建筑的表面遮挡的作用，有效改善建筑外观的视觉效果。相关研究表明，街道环境中的自然要素能够显著提升行人的舒适感和记忆表现，有助于减轻压力。

（4）街道家具。

从视觉感知角度来看，街道家具，如座椅、路灯、交通设施、健身设施及小品雕塑等，是街道空间视觉环境的重要组成部分。街道家具不仅具有实用性，还可以作为景观环境的补充和点缀。若街道家具的设置未能合理考量位置、体量及数量等因素，将会对行人视线的通透性产生影响，导致行人在街道空间中信息搜索效率降低。因此，在探究生活性街道空间的视觉感知时，必须充分考虑到街道家具的影响。

2.2.1.2 流动街景要素

（1）行人。

人和人的活动等城市中的流动街景要素与固定街景要素同样重要。我们并非街道中的旁观者，而是其内在构成的一部分。行人以其动态性成为街景要素中最富有活力的要素之一。行人不仅是视觉环境评价主体，也是被评价的内容之一。在公共空间中，"看与被看"是行人的重要视觉需求。不同的行动路线、行为习惯、着装风格都会对观景者产生相互的、动态的、群体性的影响。

（2）机动车。

随着城市机动车数量的持续增加，机动车已成为影响行人视觉感知的重要因素。街道空间内各类机动车的数量在一定程度上反映了城市道路交通状况，是评价城市机动化水平的重要指标。部分路段由于规划或管理不当，机动车辆、非机动车及行人易混合通行，显著降低了交通安全性。

2.2.2 国外生活性街道研究

2.2.2.1 VOSviewer 统计分析

以 WoS 核心合集数据库为数据源，通过关键词"street""space"对期刊论文进行检索，共获得 1042 篇期刊文献，利用 VOSviewer 工具获取知识图谱并进行可视化分析（图 2-6）。其中"built environment""public space""space syntax""environment"等关键词出现频率较高。从关键词时序来看，2020 年前较为关注建成环境、空间句法、城市设计等内容，2021 年以后重点关注环境、人群行为等内容。在 WoS 核心合集数据库中划分的聚类组团的基础上，进一步将国外研究重点归纳为"空间形态""健康环境""空间感知"三方面内容。

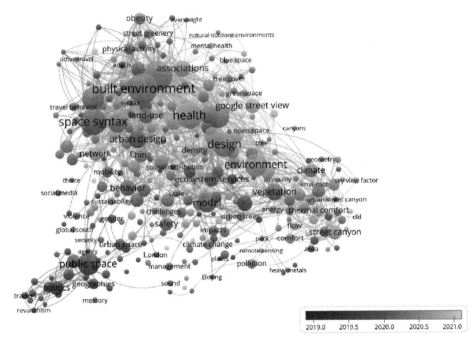

图 2-6 国外街道空间研究 VOSviewer 关键词时序图谱
（图片来源：作者自绘）

2.2.2.2 相关研究进展

国外在研究街道空间形态时，主要聚焦于街道空间实体要素对人心理感受和行为活动产生的影响。Kaźmierczak A（2013）指出，维护良好、娱乐设施完备的绿地对于支持社会互动和建立人际关系起到积极的作用。Stewart W P 等（2019）发现由居民自发组织的清洁、种植以及与邻居交流等美化活动不仅能够增进邻里间的社会互动，而且能够进一步提升居民对地方的归属感。

在街道空间感知方面，国外学者主要以人的主观感知评价为基础，对街道空间要素之间的关联进行深入分析，提出更具人文关怀的街道设计策略。Yunmi P 等（2020）的研究指出，照明是营造街道安全感的最重要因素，其次是商业类型多样性、室外餐饮设施、街头表演者以及其他步行活动。

生活性街道与健康相结合的研究涵盖可步行性、行为偏好、气候等主题词，具体涵盖街道步行热舒适性研究、空气污染对交通活力的影响及空气质量对人群满意度的影响。Abhijith K 等（2017）通过梳理相关文献，深入探讨绿化对空气污染源的影响，增进对植被和周边建筑环境之间的相互作用的理解。研究发现，乔木会对空气质量产生负面影响，而灌木更有助于改善空气质量。Klemm W 等（2015）从心理和生理两个层面着手，探究街道绿化和行人的热舒适性之间的关系，研究结果表明街头绿化是构建宜人的生活环境的有效手段。

2.2.3　国内生活性街道研究

2.2.3.1　Citespace 计量分析

为了把握国内街道空间相关研究的发展趋势、研究热点及前沿动态，本研究以知网作为检索平台，采用高级检索的方式，以"街道空间"为检索主题词，以1996—2023 年为时间范围，经过筛选，最终保留有效文献 305 篇。

关键词时序聚类图（图 2-7）显示，国内学者对街道空间的研究多集中于 2016 年至 2020 年，其中 2018 年以前的研究热点为"环境行为学""景观""城市公共空间"等，2018 年后的研究热点为"城市更新""街景图像""步行活动"等。关键词突现图（图 2-8）显示，研究热度最高的 13 个关键词从 2013 年开始出现，其中"城市更新"和"步行活动"分别于 2020 年和 2021 年突现，研究热度持续至今。

为进一步对"街道空间"相关检索文献进行聚类演进分析（图 2-9），结合时间线图，在聚类组团形成的基础上进行较为直观的横向时间排布。通过以三年为一时间切片的方式可以发现，生活性街道聚类早期以街道活力、人性化设计及街道景观为主，街道空间聚类近年的研究集中在城市更新、步行活动及评价体系方面。

2.2.3.2　相关研究进展

由于新技术的发展和城市更新政策的提出，街道空间的研究可以分为两个阶段：

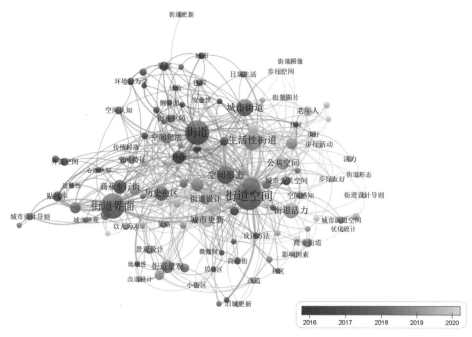

图 2-7　国内街道空间研究关键词时序聚类图

（图片来源：作者自绘）

关键词	年份	引用强度	开始	结束	
景观	2013	1.74	**2013**	2016	
包容性	2013	1.3	**2013**	2016	
街道	2014	1.88	**2014**	2018	
城市街道	2016	1.37	**2016**	2019	
更新改造	2017	1.56	**2017**	2018	
完整街道	2017	1.25	**2017**	2019	
街道改造	2018	1.96	**2018**	2019	
老年人	2015	1.31	**2018**	2020	
安全性	2015	1.27	**2019**	2020	
城市更新	2020	1.88	**2021**	2023	
步行活动	2021	1.58	**2021**	2023	
影响要素	2021	1.28	**2021**	2023	
慢行空间	2021	1.28	**2021**	2023	

图 2-8　国内生活性街道关键词突现图

（图片来源：作者自绘）

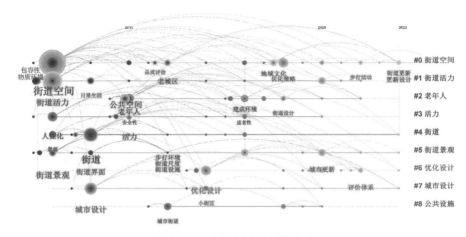

图 2-9　国内街道空间主题聚类时间线图

（图片来源：作者自绘）

第一阶段以"设计"为主体，多从建筑设计和城市设计的角度出发，研究方法以定性研究为主；第二阶段由"设计"转向"更新"和"改造"，研究内容可分为空间特征、空间认知、全龄友好、健康街道四个方面，研究视角多且较为成熟。空间特征方面具体包含对建筑界面、人性化设计、街道可步行性及街道空间品质等各个方面的研究；空间认知方面主要是关注行人活动与街道空间的关系，探究影响街道空间活力的要素；全龄友好方面主要是针对老年人和儿童的需求提出街道设计要点；健康街道方面主要是基于公共健康问题，重点关注绿化景观设计和空间品质提升。

　　早期关于街道的研究多从建筑设计和城市设计的角度出发，对街道界面系统考量，研究方法多以定性研究为主，通过实地调研、统计分析以及网络数据获取等多种手段，对生活性街道进行研究和分析。贺璟寰（2008）从建筑设计的角度出发，对生活性街道的复合界面进行优化设计，涉及街道侧界面、底界面、非建筑立面等多个方面，从整体性、可读性、场所感、可渗透性、高效性与多义性等方面提出城市生活性街道界面的内部构成要素。周钰等（2012）认为法规在塑造街道界面过程中至关重要，中国街道设计要做到因地制宜，整齐平直的街道界面既能有效做到土地的高效利用，又能满足市民的住房需求。张彦芝等（2011）对城市中居民生活与活动进行跟踪研究，发现居民心理上有具备一定安全距离的需求，并倾向于在围墙下、商铺前等有依靠物的位置停留与进行活动。这一发现再次强调了街道空间界面对于营造宜人街道环境的重要性。

（1）空间特征。

国内生活性街道的量化测度参数多样，以平面数值参数为主，具体包括界面密度、贴线率、建筑整齐度、近线率等指标。孙晨雪等（2022）结合街道界面的频率与幅度，构建一种全新的定量方法，采用虚拟现实技术进行心理认知实验，探究最受行人瞩目的街道界面节奏特点。冯永民（2017）深入探讨生活性街道设计的多个关键维度，提出一系列人性化设计策略，为生活性街道设计提供全面的指导。杨俊宴等（2019）结合深度学习的方法，从可达性、便利性、舒适性和安全性四个维度对街道的可步行性进行深入分析与精确测度，提出提升街道可步行性的优化策略。胡昂等（2021）针对生活性街道空间视觉品质评价方法进行研究，指出绿视率、贴线率和围合度等对视觉品质的影响最为显著。方榕等（2022）将宏观分析与微观调查相结合，从平面布局、街道空间特征等多方面揭示生活性街道生长的动因，总结生活性街道形态规律。麻骞予（2020）从空间活力视角出发，探究人的需求与生活性街道界面的相关性，指导生活性街道界面优化设计。

（2）空间认知。

空间认知与环境行为研究紧密相关。在空间认知领域，街道宽高比应用最为广泛。随着深度学习技术的不断发展，绿视率和视觉熵等参数得到广泛应用。徐磊青等（2017）以环境心理学为基础，运用虚拟现实技术探究不同建筑立面、绿视率等因素对行人心理感知的影响，揭示影响机制，归纳迷人的街道的特征。付瑶等（2022）将计算机建模与生理设备结合，探索出一种主观与客观结合的"空间-感知"量化研究方法，并以商业街底层临街面为案例实践，有助于深入理解街道空间与个体感知之间的关系。邹韵（2020）基于人本视角，将行人情绪大数据与生活性街道空间特征相结合，从情绪感知角度为生活性街道人性化设计提出优化建议。黄丹等（2019）以深圳市三条生活性街道为案例实证，运用回归分析和单因素方差分析等方法，探究生活性街道要素对街道活力的影响。黄婧（2021）以西安市回坊生活性街道为例，采用街景图像及POI等多源数据，构建生活性街道活力评价指标体系，提出空间设计策略，指导城市规划实践。

（3）环境行为。

在环境行为方面，学者多聚焦街道空间景观环境，关注居民身心健康与环境行为的关系。赵宏振（2016）将多学科综合交叉系统的研究方法应用于城市生活性街道景观的研究，构建全面系统的研究框架。陈婧佳等（2020）以公共健康为导向，探讨街道局部空间品质不足的问题，提出具有针对性的优化策略，为提升街道的空间品质提供有力的支撑。樊梦雪（2022）采用图像识别技术，深入探究沈阳市生活性街道的景观要素及连续性，对生活性街道中各景观要素提出针对性建议。许光庆（2022）探究生活性街道的环境要素与居民行为及满意度评价之间的相互关系，提出当前生活性街道的改进方向。董禹等（2021）以心理健康双因素模型理论为基础，选取哈尔滨57条街道作为研究对象，运用结构方程模型，探究生活性街道空间特征对居民心理健康的影响。冯苗苗（2022）以居民身心健康为出发点，通过实地调查和图像识别技术等多种方法，选取大连市36个街段为研究对象，提出疗愈导向下生活性街道空间更新策略。余艳薇（2021）以武汉市主城区10条生活性街道为案例地，收集街道建成环境数据、步行活动数据及步行满意度数据，通过相关性分析和多元线性回归分析，探究生活性街道建成环境对不同类别步行活动的影响。

2.3　街景图像相关研究

2.3.1　国外街景图像研究

当前关于街景图像的研究主要集中于城市规划、风景园林及建筑学等领域。早期，相关研究者主要通过现场拍摄照片的方式获取街景图像数据。由于拍摄条件的不稳定性和技术的局限性，所获取的街景图像在视角和品质上难以保证。

谷歌公司率先在业界推出基于互联网的实景电子地图服务（街景地图功能），运用先进的街景采集车技术，对城市街道环境进行全方位的图像拍摄与记录。街景地图的推出，为用户带来了一种全新的地图体验方式，突破了二维地图的局限，提供了一种更为直观、立体的地图呈现方式。

近年来，随着计算机视觉和机器学习技术的发展，街景图像已经迅速成为地理空间数据和城市分析领域的重要图片来源。国外关于街景图像应用的研究的数据主要来源于谷歌街景，通过 Google Street View Static API 下载。目前，街景图像已经覆盖了全球超过一半的人口所在区域，为城市研究提供了大规模研究数据，通过虚拟审计的方式取代实地访问，极大地扩展了城市分析的深度和广度。

2.3.1.1　VOSviewer 统计分析

本研究基于 WoS 核心合集 SCI-Expanded 数据库，以"street view"为关键词，将时间跨度限定为 2013—2023 年，经过统计和筛选，最终获取了 531 篇期刊文献，进而借助 VOSviewer 工具进行了聚类图谱和可视化分析。在 WoS 核心合集数据库中，该领域近十年的研究文献主题划分为 5 个聚类组团（图 2-10），可进一步归纳为绿化、健康、城市形态、城市感知和社会经济 5 个维度。

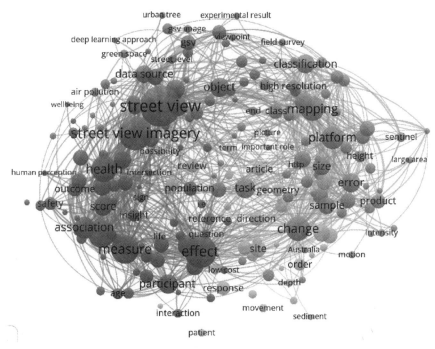

图 2-10　街景图像应用研究聚类视图

（图片来源：作者自绘）

2.3.1.2 相关研究进展

街景图像是一种新型的、以人的视角展现街道空间要素与场景的数据记录方式，被广泛应用于相关领域，具体包括绿化、健康、城市形态、城市感知及社会经济等方面（表2-3）。

表 2-3　国外街景图像应用研究视角

视角	学者	研究内容
绿化	Cai B Y 等（2018）	使用谷歌街景测度城市树木覆盖率，提供一个应用先进深度学习技术的例子，通过使用 Grad-CAM 准确地识别树木覆盖面积来预测树木覆盖率
	Ye Y 等（2019）	将绿视率与空间句法相结合，通过 sDNA 量化每条街道的可达性，将街道绿化和可达性整合，有助于从以人为本的角度衡量绿化
	Tang X 等（2020）	为了有效地指导都江堰中心城区的街道景观规划设计，将绿视率与城市设计相结合，借助 ArcGIS 和 Python 等软件，对都江堰主城区街道图像进行识别分析
	Jie W 等（2019）	将绿视率与交通规划相结合，提出一个新的指数（绿色景观 - 城市交通指数），定量评价交通过程中绿化的可见度，为城市交通规划和绿色建设提供政策建议，为从以人为本的交通过程体验视角开展研究提供创新思路
健康	Yuhao K 等（2020）	回顾关于在公共卫生研究中使用街景图像感知城市环境的情况，强调街景图像在审计建筑环境和检查环境与健康之间的关系方面的重要性
	Egli V 等（2019）	利用谷歌街景图像检测新西兰奥克兰大学周围的食品和饮料广告，以确定儿童接触这些广告的情况
	Li D 等（2018）	使用 GPS 跟踪和环境暴露评估的方法，检测来自伊利诺伊州中部的 155 名青少年的日常活动和情绪，了解自然环境与青少年情绪之间的关系
城市形态	Hu L 等（2020）	以 2014 年至 2016 年中国长沙市主城区发生的 791 起行人碰撞事故为样本，通过 GIS 技术进行可视化分析，探讨人口分布、路网、土地利用、社会服务及行为等因素对交通事故的影响，并利用二元逻辑回归探究道路特征对行人碰撞严重程度的影响
	Qin K 等（2020）	使用街景图像和 POI 数据提取城市建成环境特征，将其与交通拥堵情况建立联系，识别潜在的城市拥挤点
城市感知	Yao Y 等（2019）	提出一个基于深度学习的人机对抗系统框架，该框架使用一个基于随机森林的模块来探索街景元素和用户得分之间的关系，极大提升了对街景图像进行主观评价的效率
	Zhang F 等（2018）	在 MIT 众包数据集的基础上，结合深度学习技术，预测街道空间安全、美丽、富有等 6 个人类感知指标
社会经济	Law S 等（2019）	利用街景图像来预测房价，研究发现，位置可达性、建筑面积和年限是影响价格的主要因素

（资料来源：根据参考文献整理）

绿化方面的关键词包括深度学习、人本尺度、热舒适性、美学等。相关研究多采用图像语义分割的方法，提取街景图像绿化要素，探究不同范围内绿视率的空间分布，涵盖城市范围或不同城市之间的比较，从以人为本的角度衡量绿化，反映人类同环境之间的关系。绿化是街景图像应用的重要方面。

健康方面的关键词包括肥胖、绿色空间、传染病防控、情绪状态等。相关研究多以街景图像为载体，通过机器学习的方法，将就诊数据与多源时空大数据相结合，探究环境特征与公共健康的关系，对建设促进公众身心健康的城市环境具有现实意义。

城市形态方面的关键词包括空间句法、交通拥堵、安全等。相关研究多利用街景图像探究道路特征与机动车交通事故之间的关系、街道特征与街道空间品质之间的关系，以评估街道质量并预测街道形态演变趋势，为城市规划者提供决策支持工具，以突出规划干预作用。

在城市感知方面，街景图像的出现为人本尺度下的大规模感知测度提供了可能。相关研究多探究不同感知维度与街景要素之间的内在关联，并结合社交媒体数据进行交叉验证，综合考量客观要素与主观评价，使分析结果更加科学严谨。

社会经济方面的关键词包括房地产、价格、犯罪等。相关研究多探究 GDP 等社会经济指标及犯罪率与街景要素的关系，进而评估房产价值并预测犯罪的可能。关于城市空间环境与社会人文之间的内在关联的研究始终占据重要地位。

2.3.2　国内街景图像研究

国内外关于街景图像的研究存在较大差异，国外对人类健康与环境生态问题更为重视，而国内更关注城市研究与信息技术的发展。相对于发达国家的高度城市化，我国正处于城镇化进程中，城市规划工作重点是研判城市发展问题。

2.3.2.1　Citespace 计量分析

为了直观分析街景图像相关应用研究的发展趋势、热点和前沿，本研究以知网作为检索数据库进行高级检索，将检索关键词和检索类型分别设置为"街景图像"和"学术期刊"，并将时间跨度限定为 2013—2023 年，共检索出 662 篇相关文献，最终筛选得到 567 篇有效文献。

（1）研究热点。

对检索到的文献进行主题或关键词的提取，并进行词频统计分析，从而全面了解当前该领域的科研热点和发展趋势。对关键词共现图谱进行解析，并进行聚类分析，得到聚类质量较高的关键词聚类图谱，其 Modularity Q 值为 0.8709，Mean Silhouette 值为 0.9117。从图 2-11 中可以看到，关键词有"街景""深度学习""多源数据""历史街区""景观设计""城市规划""语义分割"等，反映出街景研究多应用于街道景观及城市更新等方面，旨在更好地服务规划设计。

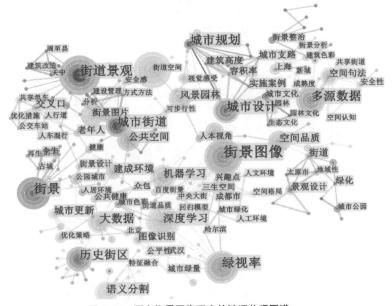

图 2-11　国内街景图像研究关键词共现图谱

（图片来源：根据知网检索数据绘制）

（2）研究脉络。

从关键词时序聚类图（图 2-12）和关键词聚类时区可视图谱（图 2-13）来看，我国对街景图像的研究可以分为三个阶段：探索阶段（2012—2014 年），此阶段围绕人与环境的关系展开研究，重点关注"街道景观"和"城市设计"等方面；缓慢增长阶段（2015—2017 年），此阶段关注"城市更新""历史街区""空间品质"等方面；快速增长阶段（2018 年至今），此阶段出现"街景图像""绿视率"等关键词，多采用"机器学习""语义分割""多源数据"等方法开展研究。

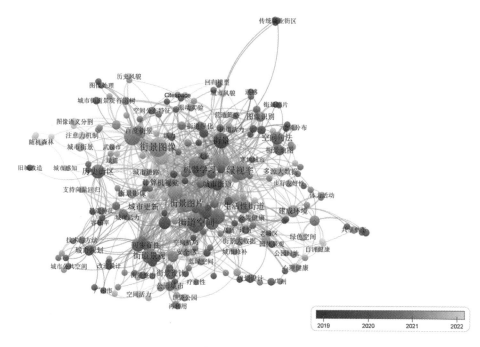

图 2-12 国内街景图像研究关键词时序聚类图
（图片来源：根据知网检索数据绘制）

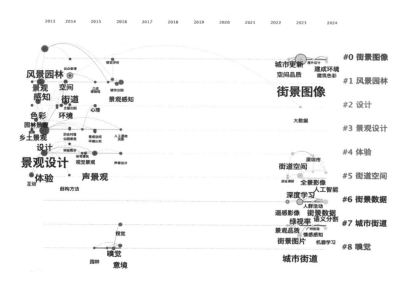

图 2-13 国内街景图像应用研究关键词聚类时区可视图谱
（图片来源：根据知网检索数据绘制）

早期研究主要关注街道景观，而随着技术的发展，机器学习逐渐成为未来的研究趋势。结合关键词突现（图2-14）来看，最早对街景的研究较关注街景整治、街景改造，更多关注城市的绿化。2018年以后，研究关键词演变为"大数据""机器学习"等前沿技术，这些研究热点有望在未来一段时间内继续引领相关研究的发展。

关键词	年份	引用强度	开始	结束	2013 — 2022年
街景整治	2013	4.2	2013	2014	
绿化	2013	3.59	2013	2013	
街景改造	2013	3.59	2013	2013	
街道景观	2013	2.89	2013	2014	
城市	2013	1.83	2013	2017	
城市文化	2013	1.74	2013	2014	
城市规划	2014	1.76	2014	2017	
街景	2017	2.94	2017	2020	
公共空间	2016	2.3	2018	2019	
大数据	2018	2.15	2018	2022	
机器学习	2018	2.15	2018	2022	
城市设计	2014	2.42	2019	2019	
图像识别	2019	1.81	2019	2020	
街景数据	2019	1.71	2019	2019	
风景园林	2018	2.65	2020	2020	
街景图片	2018	3.42	2021	2022	
深度学习	2018	2.02	2021	2022	

图 2-14　国内街景图像研究文献关键词突现
（图片来源：根据知网检索数据绘制）

2.3.2.2　相关研究进展

国内关于街景的研究的主要成果集中在城市规划、风景园林等学科。由于街景图像的出现及深度学习的发展，街景图像的学术关注度自2018年起呈逐年显著上升趋势，有关街景图像的研究开始激增。相关领域的学者对街景的研究，可以从以下四方面进行归纳。

（1）街景视觉评价。

随着"城本主义"向"人本主义"转变，街道评价相关研究日益受到关注。行人是街道的使用主体，与街道环境的互动较为频繁，对街道感知更为细致和深入，行人的主体地位和感知需求逐渐被重视。从源头上看，街景视觉评价属于景观视觉评价的范畴。在景观视觉评价的早期研究中，研究者多关注视觉效果显著的街道构成要素，并采用详细描述法、公众偏好法及综合法等多种研究方法。秦晴（2008）以西安市长安路为例，采用问卷调查法和多因子评价法，从宏观、中观和微观三个层面提出街道景观视觉优化策略。韩君伟等（2015）通过视觉熵、色彩丰富指数及天际线变化指数等六个量化指标评价街道景观，结合主客观值之间的相关分析，提出改善视觉偏好的有效方法。

随着街景数据的普及及计算机视觉的发展，街景视觉评价相关研究数量呈逐渐上升趋势。余付蓉（2019）基于腾讯街景图像，通过层次分析法分别计算色彩要素、绿视率、视觉熵等五个指标的权重，并对长三角五个主要城市的林荫道景观视觉感受进行对比分析。曾祥焱（2017）采用眼动实验与主观评价相结合的方式，对武汉东湖绿道的景观视觉质量进行评价，验证基于眼动指标的景观视觉质量评价模型的有效性。李鑫等（2021）以城市滨河景观为研究对象，采用图像语义分割的方法获取各类滨河景观要素，通过回归分析探究评价指标与视觉感知之间的关联。黄竞雄等（2024）采用图像语义分割的方法获取街景图像要素数据，选取厦门市鼓浪屿为研究区域，构建旅游地街道空间视觉品质评价模型。

（2）街道空间评价。

在街道空间评价方面，早期街道空间评价侧重定性分析。学者通常借助实地测量和拍照等手段对街道宽度、街道高宽比等关键指标进行分析，实现对街道空间的综合评价。陈泳等（2014）探究街道底层界面特征变量对街道活动的影响机制，通过多元逻辑回归分析，明确这些变量与街道活动之间的内在联系。

在存量发展的背景下，营造良好的街道场所成为街道空间评价的重点。在研究内容层面，空间品质评价主要集中于探究同一街道空间品质演变规律或不同街道空间品质的差异性。李诗卉等（2016）采用不同时间的街景图像，对比分析东四历史街区街道空间品质的动态演变过程。戴智妹等（2019）根据行人的视野拓展街景数据采集角度，以厦门市中山路片区与火车站片区为研究对象进行对比分析。

在图片来源方面，街道空间品质评价以问卷调查结果、百度街景图片和腾讯街景图片为主要的原始评价数据。在研究方法上，相关学者综合运用问卷调查法获取主观评价，通过深度学习对街景图片进行客观评价，并基于生物传感器进行智能测度。叶宇等（2019）以街景图像为载体，运用机器学习算法，进行大规模街道空间品质的精准测度，并在测度结果的基础上叠加可达性分析，识别出更具更新潜力的街道。陈婧佳等（2020）采用建成环境审计的方法进行人工标注，对全国范围内的街景图像数据进行空间失序要素的自动识别，并以鹤岗市、合肥市及南京市为例进行对比分析。

（3）街景结合公共健康相关研究。

街景图片蕴含丰富的信息，相关学者通过图像语义分割的方式获取街景数据信息，探究其与公共健康信息、社会经济及街道可达性的耦合关系。徐磊青等（2017）利用虚拟现实技术模拟街道环境，深入探究建筑界面和绿视率对街道体验的影响。裴昱等（2020）将街景图像数据与人口热力数据相结合，分析北京市东城区街道绿色空间的实际感知程度，并提出街道绿色空间规划建议。李智轩等（2020）探究绿色环境暴露与心理健康的关系，提出系统的分析框架，以南京市部分小区为研究对象，选取绿视率、居民绿色环境暴露总量等指标，构建结构方程模型，揭示绿色环境暴露与心理健康的内在关联。黄邓楷等（2023）运用多项逻辑回归模型，探究街区环境特征对居民跑步频率的影响，研究发现影响跑步频率的主导因素是绿视率。

（4）街景结合城市设计相关研究。

计算机视觉技术的发展为街道空间大规模量化评价提供了机遇。随着街景图像在时间和空间维度上的不断扩展，研究者可以实现对城市风貌的动态检测。街景图像的定期更新，能够使研究者及时感知建成环境品质的变化，为规划设计提供大量数据支持。此外，在整体城市空间尺度上，街景图像可以反映界面连续性和风格和谐度等城市设计问题，帮助研究者制定更有效的城市设计导则。甘伟等（2020）选取凤凰古城为研究对象，运用计盒维数法对各街道天际线进行分维数测定，为古城天际线的营造和更新改造提供参考依据。郑屹等（2020）利用深度学习技术，对城市景观环境要素进行精确识别，并与空间数据叠加分析，其研究成果对于解决局部城市景观问题具有重要意义。江浩波等（2022）构建一种多尺度的建筑色彩识别和评价方法，为完善城市风貌管控体系与特色风貌精细化管控提供技术方法支持。邵源等（2023）采用深度学习技术，重点关注街道建筑界面渗透率，提出人本尺度下街道渗透率大规模测度方法，为人本导向的城市设计实践提供有力技术支撑。

2.4 研究评议

本章主要对视觉感知、街景图像及生活性街道相关理论和研究进行梳理，通过对视觉相关理论进行归纳总结明确视觉的二维本质。同时，街景图像的普及和深度学习的发展为街道空间大规模测度提供了便利条件。

2.4.1 研究视角从宏观到微观，更加关注人的感知体验

随着"城本主义"向"人本主义"转变，人的感知体验和街道空间品质得到越来越多的关注，具体包括美感评价、疗愈水平、绿视水平、视觉感知、步行指数等。研究从早期以建筑学、城乡规划学为主体的街道空间研究，向风景园林学、环境心理学、地理学、旅游管理等多个专业学科协同方向转变，其研究视角多且成熟（表2-4）。

表 2-4　街道空间感知评价研究维度梳理

研究维度	研究内容	学科背景
美感评价	街道美感评价；街道景观要素美感特征	建筑学；城乡规划学
疗愈水平	不同类型街道的疗愈效能；街道环境对身体、心理健康的影响	城乡规划学；环境心理学；风景园林学
绿视水平	街道景观要素研究；绿视率对健康的影响；绿色空间公平性研究	风景园林学；医学；卫生学；地理学
视觉感知	街道空间品质评价；街道空间视觉品质评价；街道空间失序感评价；街道空间要素对视觉吸引力的影响	风景园林学；建筑学；城乡规划学；旅游管理
步行指数	街道空间可步行性；步行空间更新设计	城乡规划学；建筑学

（资料来源：根据参考文献整理）

2.4.2 研究方法由定性到定量，深度学习成为研究趋势

早期针对街道界面的研究多采用实地调研、问卷调查等方法，对街道的现状问题进行总结，进而提出应对现状问题的建设策略。近年来，随着街景图像的普及和计算机视觉的发展，过去以经验总结和问卷调查为主的研究方法发展为定性与定量相结合的方法（表2-5），以简单图示表达和数理统计方式获取结论发展为使用 GIS、VR 及深度学习等信息技术手段探究规律。新技术的发展为快速、客观地进行大规模街道空间评价奠定了基础。

表 2-5　街道空间感知评价研究方法梳理

学者	研究内容	研究方法
方榕（2015）	以步行者的角度在生活性街道观察调研，认为塑造街道空间形态要充分认识并尊重城市自发形成的规律，以自下而上的方式引导城市力量主动参与	跟踪调查、访谈调查
谭少华等（2016）	从情景美、形式美及内涵美三个维度深入剖析人群心理需求与街道环境特征的内在联系	问卷调查、数理分析
徐磊青等（2017）	通过 VR 实验对比分析街道和绿地两种不同城市环境的疗愈水平，并对比分析不同绿视率和建筑界面街道的疗愈水平，提出疗愈街道的设计策略	VR 实验
龙瀛等（2019）	以中国 287 个主要城市街景图片数据为载体，采用机器学习的方法大规模测度城市街道空间品质，提出不同空间品质问题的应对策略	机器学习、目标检测
李渊等（2022）	将眼动实验和 SD 法相结合，探究不同类型商业街对行人视觉吸引力的影响	眼动实验、问卷调查

（资料来源：根据参考文献整理）

2.4.3　研究对象由宽泛到聚焦，重点关注不同类型街道

早期街道空间研究多从建筑设计和城市设计角度出发，对象较为宽泛。近年来，关于街道空间的研究涉及生活性街道、商业街等不同类型街道，关注街道物质空间或非物质空间，从安全感、愉悦感、美感等不同维度对街道空间感知进行评价（表 2-6）。

表 2-6　街道空间感知评价研究对象梳理

学者	研究对象	评价指标
黄竞雄等（2024）	旅游地	绿视率、围合度、天空开敞度、拥挤程度、多样性
董贺轩等（2023）	街道植物空间	面积、高宽比、形状特征、通视率、绿视率
冀开元（2020）	街道建筑界面	建筑高度、贴线率、界面密度、界面面宽、底层界面透明度
韩君伟（2018）	视觉感知	视觉熵、色彩丰富指数、街道宽度、沿街建筑高度、天际线变化指数、天空开阔指数
李登岸（2022）		二维熵、颜色熵、视野开阔度
方智果等（2023）	美感	街道宽度、街道高宽比、贴线率、绿视率、店面招牌数、界面通透度、建筑密度、容积率、开放空间比例

（资料来源：根据参考文献整理）

2.4.4　生活性街道应加强人本尺度下的主观感知评价

在城市精细化治理的背景下，研究内容逐渐由城市形态向空间感知和环境行为转

变。随着新技术的发展，关于街道空间的研究倾向于单一指标的精细化描述和大规模测度，对于人本尺度下的主观感知评价较为匮乏。现有关于主观感知的研究多采用主观问卷、照片引谈等方法，难免会存在调查成本高、主观性强等问题，有必要探索更为高效、客观的研究方法。

在街道空间视觉环境评价中，以街景图像为载体，综合分析各定量评价指标，能够有效解决传统评价方法中成本高、劳动力需求高及评价空间范围有限的问题，能够从行人视觉感知角度对生活性街道进行评价，通过定量化分析使分析结果更加科学、客观，有助于生活性街道空间视觉环境的优化。

2.4.5 生活性街道空间视觉环境评价方法有待进一步探索

现有生活性街道空间视觉环境评价指标主要聚焦于绿视率、天空开敞度及建筑界面围合度等经典指标，未来研究需要进一步补充和完善评价体系，通过更为全面多样的指标来探究行人视觉感知。街道空间要素类型、特征均会影响行人视觉感知。

现有关于街道空间视觉环境评价的研究常以图像语义分割后的街道构成要素并结合街道宏观特征构成街道空间的指标体系，对场景中的要素形态、线条、肌理等特征缺乏清晰量化的标准。在线条方面，已有相关研究将分形理论应用于建筑领域，以维数来分析建筑界面的视觉复杂度。此外，建筑界面景物遮挡、分割情况同样会影响行人的视觉感知，建筑界面形态也值得研究。目前，外部形状指数多应用于宏观尺度下的城市形态、村落形态，鲜有研究探究行人视角下的建筑界面形态。

综上，本研究以视觉环境作为生活性街道空间研究的切入点，以街景图片构成行人视觉环境"场景"，采用图像语义分割、计盒维数、外部形状指数等方法，深入挖掘图像信息，从空间开放性、空间舒适性、空间安全性、空间丰富性四个维度对建筑、绿化及天空等高级视觉特征和线条、形态、肌理等像素级视觉特征进行系统考量，为生活性街道空间视觉环境优化提供参考。

3

生活性街道空间要素
与视觉环境关联分析

视觉环境评价具有非常显著的主观性，行人对视觉环境的感知受空间要素和心理需求的双重影响。因此，本章主要探究生活性街道空间要素与视觉环境的关联性，一方面梳理行人行为及视觉需求，归纳生活性街道空间视觉环境现状问题及成因；另一方面提出生活性街道空间视觉环境优化原则，分析生活性街道空间视觉环境影响因素。

3.1 行人行为及视觉需求

3.1.1 行人行为内容

优化生活性街道空间视觉环境，首先需要了解行人行为内容。扬·盖尔在《交往与空间》中将城市中的活动分为必要性活动、自发性活动和社会性活动三类。本研究结合实地调研和文献研究，将行为活动归纳为行走、休憩和购物三种内容。

（1）行走。

行人行进是一种多维的体验，涵盖寻找吸引注意力的目标、调整观察位置及穿插其中的交谈与饮食活动。在个体层面，行进路线具有显著的个性化与随机性特征；从宏观的群体视角来看，行进模式与街道线形设计、沿街商业业态、橱窗展示、气候条件以及装饰小品摆放方式等因素息息相关。行走可细分为目标导向型行走、随机漫步式行走和边缘行走三类。

目标导向型行走具有明确的目的，如快速通过、寻找特定地址或为实现预定的购物目标而进行搜索。这种行走方式倾向于高效快速，行人的步行节奏较快，行进路线相对固定，对于街道景观的关注度相对较低。

随机漫步式行走呈现出一种悠闲、无拘无束的步行状态。在此过程中，行人会频繁停下脚步，进行观望、交谈等活动。行进路线和方向往往因受到个人兴趣点的影响而不断变化，如遇到饮食摊点、休息区域、遮阴地带或街头表演地带时，行人更倾向于在此停留、休息和观赏。随机漫步式行走时，行人不太注重通行效率，能够更深入地体验并感受周围环境的细节变化。随机漫步式行走是一种节奏缓慢的不连贯的步行运动，行人常走走停停，并伴随观望和交谈。行人在随机漫步行走时不注重通行效率，对周围环境的细节体察较为深入，并易受到周围环境影响。

边缘行走，常被称为"贴边而行"或"走街串巷"，是行人常见的一种行进模式。行人在逛街时倾向于沿着街道的一侧有序前行，并在此过程中进行密集的信息搜索和体验活动。除非遇到新的兴趣点，否则行人不会轻易改变行进的方向和路线。边缘行走的主要原因有三个。首先，当步行者选择靠近街道边缘的路线时，他们能够同时观察到街道两侧的景象。靠近的一侧允许他们详尽地观察细节，适宜进行购物和欣赏；而另一侧则提供了开阔的视野，使他们能够把握建筑立面的整体风貌。其次，沿着一侧行走有利于实现高效的搜索，因为这种模式减少了错过任何一家店铺的可能性。最后，这种行进模式有助于提高通行效率，减少流线交叉，营造更加安全舒适的步行环境。

（2）休憩。

休憩行为是行人放松身心的重要环节，放松程度因人而异。行人经过一定时间的行走后，遇到令人舒适的休憩空间时，往往会选择驻足或坐下来休息。休憩行为往往伴随一系列活动，如欣赏周边的景色、观察过往的行人、品尝便携食品、等待购物的同伴。在休憩的过程中，行人活动状态由动态转为静态，行人不再专注于沿途的信息或在人群中寻找最佳的行进路径，而是将更多的注意力投向周围的景物，深入体验环境。在这种状态下，行人对街道景观会有更高的关注度，也更有可能在深层次上对景观进行认真的欣赏和评价。

行人的欣赏活动并非孤立存在的，而是与休憩和行进等行为交织。欣赏活动随着观察点的不同而呈现多样化特点。例如，在街道的入口处、行进路径、街道节点、街道线形变化处，临街橱窗旁以及街道中心线附近等位置，行人的欣赏对象会有所变化。除了观察点的不同，个体观察习惯和视线高度的差异也会影响行人的欣赏活动。

（3）购物。

购物行为往往伴随行走、搜寻与对比等多个环节。当消费者遇到具有吸引力的商品时，购物的行为链便被触发，进而完成购物的过程。生活性街道中的购物行为以偶遇为主，发生的时间、地点与商业活动组织形式密切相关。

生活性街道中的商业活动组织形式丰富多样，包括底层店面式、底层入口式、橱窗式、招揽式及开敞式等。底层店面式是主要的商业模式，以低台阶或沿街檐廊的设计，将街道路面与售卖空间紧密相连，使行人在不经意间被吸引，进行购物前的浏览与比对。橱窗式侧重于在城市核心区域展示主流时尚品牌的新品，其信息传递功能尤为显著，而商品售卖功能相对较弱。招揽式和开敞式主要面向工艺品、小玩具、电子产品等单价较低但销售量较大的商品。

生活性街道中的饮食活动是随意的，以特色小吃、饮料等为主，常伴随着休憩、行进、交谈等活动。有固定式座位的饮食场所常因场所限制、干扰行人等原因不会大量布置在底层临街位置，通常以二层以上或屋顶餐厅的形式呈现。

3.1.2 行人行为特点

生活性街道空间设计应以满足行人的需求为目标，分析主体的行为特征及其对街道空间的需求层次。本研究通过记录和分析的方法，将行人行为特征总结如下。

（1）理想出行距离。步行的理想出行距离为 500 m，步行最大出行范围为 1200~3000 m。舒适的空间环境可延伸步行出行距离，但当距离超过 1500 m 时，人会产生厌倦感。

（2）直线性。人在行走活动中总是存在惰性心理，即人在确定移动方向和目的地时，往往倾向于选择距离最短的路线，可见直达目标是人选择出行路线的本能反应。

（3）避免高差。楼梯或台阶等不同形式的高差会给人的行走带来不便，设计时应尽可能避免。当高差不可避免时，应尽量选用坡道，因为根据人的活动习惯，当楼梯和坡道同时存在时，人更倾向于走坡道。必须设置楼梯时，应将楼梯间置于景观面，同时尽量增加楼梯梯段数，缩短楼梯的心理长度。

（4）从众性。"人往人处走"描述的就是人的从众心理，人往往喜欢在人多的地方驻足、停留。街头广场、小区入口处，往往聚集大量人流。

（5）视觉引导性。当人漫无目的行走时，视线总是被远处有吸引力的活动或环境吸引，引导人向活动发生的地方行进。同时，人对封闭的空间可能会产生排斥心理。

（6）习惯性。人在出行过程中会养成行为习惯，即一般会选择自己较为熟悉的路线行走，当发现路线有误时，人一般会选择原路折回，此行为为"理想识途性"。

（7）舒适性。舒适的空间环境会激发人们行走的欲望。例如，夏季凉爽、冬季温暖的环境会增加市民的慢行行为；阳光、温度、风力等自然因素，以及街道景观、尺度、界面等人工因素均会对慢行出行产生影响。

（8）随意性。不同于有汽车参与的其他道路，考虑到交通安全，步行街道对行人的行走路线和部分区段的步速做了严格的限制。步行街道上的行人不受步速、路线、方向的限制，可以在街道内的公共空间内随意行走与停留。在非约束条件下，行人可以根据自己的意愿和兴趣点组织行进路线，也可以从感兴趣的区域穿行，还可以在某些节点观望、判断和休憩。因此，随意性成为步行行为的首要特点。

（9）体验性。与步行伴生的是复杂的环境体验活动，如判断、猎奇、欣赏、围观等对环境的视觉体验，停留、依靠、小坐等触觉体验，品尝饮食、轻嗅花香等味觉、嗅觉体验等。其中视觉体验为主要体验，是发生购物、路径选择等行为的基础。

通常行人对动态的、鲜活的、隐秘的事物具有较高的观察兴趣：对活动字幕广告的偏好强于一成不变的广告；对街头真人演唱的偏好强于音响播放；对被遮蔽的施工区域和并未开业的橱窗的偏好强于开放式区域。

3.1.3 行人视觉需求

行人视觉需求主要体现在对生活性街道空间视觉环境的信息获取与认知上。行人通过视觉感知生活性街道上的建筑、绿化、行人等要素，进而形成对街道整体环境的评价。本研究结合实地调研及谭少华、韩君伟的研究，从景观环境、空间要素、视觉效率和"看"与"被看"四个维度分析行人的视觉需求。

3.1.3.1 景观环境需求

景观环境是生活性街道中不可或缺的元素，不仅承载着美化空间的功能，更为行人提供了舒适的行走体验和视觉享受。景观环境对于提升街道空间品质、改善行人心理感受及促进行人的自发性活动具有重要作用。为了吸引行人驻足，景观环境应具有观赏价值，具有行人感兴趣的景观物。观赏价值不仅与景观的美观程度有关，而且与景观的独特性、文化内涵以及与行人兴趣点的契合度有关。

在通行过程中，行人倾向于充分发挥其信息搜索能力，持续寻找并发现感兴趣的目标。在到达下一个路径节点时，行人会优先选择符合其审美需求、具有可观赏性的景观环境。街道中景观环境的设计应充分考虑行人的这一行为特点，通过合理的布局和设计元素的选择，为行人提供丰富、有趣的信息搜索空间。同时，景观环境的设计应注重引导性，以帮助行人在复杂的街道环境中快速找到目标。

行人习惯从宏观角度把握街道整体特征，形成整体视觉印象。景观环境的设计应充分考虑街道的整体形象塑造，确保景观元素与街道整体风格相协调，形成和谐统一的视觉效果。同时，景观环境的设计应注意避免过于复杂的色彩搭配和杂乱无序的布局，以免给行人带来视觉疲劳和不适感。因此，营造良好的街道景观环境既要关注景观绿化、地面铺装等细节特征，又要注重整体形象塑造，确保街道与周边环境和谐统一。

3.1.3.2 空间要素需求

空间要素对行人视觉感知具有重要影响。空间不仅是物理上的存在，更是行人感知外部世界、与环境互动的重要媒介。空间要素能够影响行人对视角的选择。行人通常倾向于寻找能够提供有利视角的位置，以便在一个相对狭小的空间观察更为广阔的区域。对街道宽度和建筑高度等空间要素进行精细设计，可以引导行人选择更有利的视角，从而增强其视觉感知。

空间要素与行人的私密性需求密切相关。街道空间中的行人需要通过私密性的小空间来保护自己免受外界干扰。合理的空间布局和要素设计，如设置绿化带、座椅等，可以为行人提供相对私密的停留空间，使其能够在独享私密性小空间的同时，观察到外部环境中多样化的活动。

空间要素影响行人的停留行为。行人在搜寻适宜的停留空间时，若未能找到合适的边缘位置，则会选择柱子、树木、雕塑基座等物体作为依靠，将这些物体占有和控制，使它们与个人停留空间融为一体。沿街建筑与道路交接处、绿荫遮蔽区域、邻近建筑橱窗的地段及街道小品周边等多为生活性街道中的边缘空间，也是行人进行观察活动的首选区域。这些区域具有良好的视线通透性，能为行人提供丰富的视觉信息。因此，在街道空间设计中，应充分考虑这些边缘空间的利用和设计，以满足行人的视觉感知需求。

3.1.3.3 视觉效率需求

行人可接受的步行距离受到生理条件和心理感受的共同作用。行人在通行过程中一眼便可以望到街道景观全貌，尽管在一定程度上满足了行人视野开阔的需求，但也将减弱行人对街道进一步探索的兴趣，从而产生厌倦和乏味的感受。这种厌倦的感受会直接影响行人的步行体验，并缩短行人可接受的步行距离。

如果街道空间布局合理，在保证视野开阔的同时又有适度遮蔽，可以极大提升视觉效率。合理的空间布局不仅可以满足行人对视野开阔的基本需求，还可以通过创造视觉焦点和变化激发行人深入探索的意愿，从而延长行人可接受的步行距离。因此，在进行生活性街道空间设计时，需要平衡行人对视觉效率的需求。一方面，应避免过度遮挡，确保行人的视线不受阻挡，保障其步行安全；另一方面，不应完全暴露街道的全貌，以免使行人感到单调乏味。合理的空间布局和设计元素的运用，可以创造出既开阔又富有变化的视觉环境，有助于提升行人的步行体验，并延长其可接受的步行距离。

3.1.3.4 "看"与"被看"需求

生活性街道不仅是行人日常通行的通道，更是信息交汇的重要场所。在生活性街道空间中，行人的视觉信息交流需求得到了充分体现，其中最显著的是"看人"和"被看"的需求。通过观察他人的着装，行人能够洞察社会时尚，感受流行趋势，满足自身对时尚和文化的追求。通过观察他人的肢体语言，行人可以推测街道中发生的各种故事，如人们的互动、情感交流等，进而满足获取信息和了解他人的需求。当环境中人群热闹和信息丰富时，行人的"看人"需求才能得到充分满足，真正沉浸在街道的热闹中，感受城市的活力和多元。

行人不仅希望看到他人，也有被他人看到的需求。"被看"需求源于行人对自我展示和社会认同的追求。在"被看"的过程中，行人以传递视觉信息的方式，展示自身的价值，从而使自己获得社会的认同。大部分非语言的视觉交流仅限于相互注视阶段，并在对方离开观察者视线时终止。这种交流虽然短暂，却蕴含着丰富的社会信息和情感表达。仅有少数视觉交流能够进一步演变为交谈、互动等具有社会性质的活动，这些活动不仅能够加深行人之间的情感联系，也可以提高街道空间的活力。

3.2 生活性街道空间视觉环境问题及成因

3.2.1 视觉效率低下

3.2.1.1 高密度建筑使人产生压抑感并降低绿视率

（1）高密度建筑使人产生压抑感。

随着城镇化的不断发展，高密度建筑逐渐成为城市风貌的显著特征。高耸的建筑已成为生活性街道中街景的主要构成要素。高密度建筑往往会给行人带来一种强烈的压抑感（图 3-1）。由于建筑的高度与街道的宽度的鲜明对比，行人在街道空间中感受到的不仅是物理空间的狭窄，更是心理上的束缚。随着建筑密度的增加，建筑逐渐由横向延展转为竖向生长，在一定程度上增加了行人视觉上的压抑感，易使行人身心疲惫、精神紧张，从而产生消极情绪。

（2）高密度建筑降低绿视率。

生活性街道是城市居民日常出行的重要通道，其环境品质对居民的生活质量有着重要影响。建筑密度较高的生活性街道的空间绿视率往往较低。建筑密度较高使生活性街道中的公共空间被压缩，导致人均绿地面积较少，使行人在行进时难以享受到绿色植物带来的舒适感和放松感。面对冰冷的建筑和繁忙的交通，行人易感到身心疲惫、精神紧张。高密度建筑也会在一定程度上遮挡阳光并影响通风，使街道的采光和通风条件变差。

3.2.1.2 空间杂乱导致视线遮蔽

（1）街道要素杂乱。

生活性街道承担多种职能，街道空间涵盖交通、市政及商业等各类设施，街道两侧要素较为杂乱，这是影响行人感知的主要原因。生活性街道两侧分布着商铺、餐馆等商业设施，不仅为居民提供了便利的购物和休闲场所，也为城市增添了活力和色彩。商业活动也导致街道两侧要素的杂乱，各种招牌、广告牌等层出不穷。在交通设施和市政设施方面，生活性街道分布着标志标线等交通设施和供水、排水、电力、燃气等公共设施，确保了居民日常生活的正常运行，也对街道的整洁度和美观度提出了一定的要求，给行人的感知带来了挑战。

（2）街道环境不适宜。

除了街道两侧的要素外，树木高度、街道宽度、车辆停放方式等街道环境自身的要素也会对行人的视线产生一定的影响，使行人在通行时视线被遮挡。过高的树木可能遮挡行人的视线，使其无法清晰地看到街道对面的景象；狭窄的街道可能限制行人的活动范围，使其难以获得开阔的视野。此外，车辆的停放方式如果不合理，也可能对行人的视线产生遮挡，甚至可能引发交通安全事故。部分街道人车混行，行人在行进过程中，道路两侧树木和机动车挤压行人通行空间，共同遮挡行人视线，容易引起行人的负面情绪（图3-2）。

图 3-1　高密度建筑使人产生压抑感　　　　图 3-2　要素杂乱导致视线遮蔽
（图片来源：百度地图）　　　　　　　　（图片来源：百度地图）

3.2.2　视觉秩序缺失

3.2.2.1　街道界面设计杂乱无序

（1）店铺外墙风格各异。

部分生活性街道两侧店铺分布密集，为了凸显自己的店面、吸引顾客眼球，大部分店铺都会对原有建筑外墙进行个性化的装修改造。个性化的改造通常缺乏统一的规划和设计指导，导致街道两侧出现各式各样的店铺招牌和装饰。这些附加装饰的色调和材质难以统一、秩序感不足，导致街道空间的视觉体验尤为混乱，给行人带来眼花缭乱的感觉（图3-3）。

（2）新旧建筑差异显著。

在一些邻近商业 CBD 的老旧小区边缘地带，新建筑与旧建筑在形态和设计风格上形成了鲜明的对比。新建筑往往采用现代简约的设计风格，旧建筑可能保留着传统的建筑风貌。这样的对比凸显了建筑风貌的不协调，加剧了街道界面设计的杂乱无序。新旧建筑在街道两侧交错排列，使街道的视觉环境更加复杂，会给行人带来不必要的视觉干扰，不仅会影响行人的视觉体验，也会对街道的整体形象和风貌产生不良影响。

3.2.2.2 街道景观质量参差不齐

（1）街道绿化不足。

在老旧小区及城中村附近的生活性街道两侧，建筑密度普遍较高。高密度的建筑布局会使绿地空间被大幅度压缩，甚至会造成绿地碎片化。绿地碎片化不仅会限制居民的活动空间，也会影响街道的生态环境。由于绿化系统尚不健全，以及绿化修补工作未能及时推进，整条街道的绿视率普遍偏低，街道中绿色植物不足，无法起到美化环境、净化空气的作用（图3-4）。植物种类和色彩相对单调，缺乏多样性，无法为行人提供丰富的视觉享受。

图3-3　界面设计杂乱无序　　　　　　　　　图3-4　景观质量低
（图片来源：百度地图）　　　　　　　　　　（图片来源：百度地图）

（2）景观质量偏低。

由于建设时间相对较早，老旧小区的绿化、建筑及配套设施已无法满足当前城市居民的基本生活需求，普遍存在景观质量较低的问题。高密度建筑不仅影响了居民的居住舒适度，也限制了绿化空间的扩展。城中村中的居民为了追求经济利益而私自对建筑进行扩建，导致城中村建筑密度过高，压缩了公共空间和道路空间。绿化系统尚不健全，绿化修补工作也未能及时推进。许多老旧小区和城中村的绿化植被稀疏，甚至存在大量裸露土地和荒废空地，不仅影响了环境的整洁度，也降低了城市的生态质量。植物种类和色彩相对单调。在老旧小区和城中村中，植物种类较为有限，色彩也相对单一。绿化景观缺乏视觉冲击力，难以吸引行人的注意力，也无法为行人提供丰富的视觉享受。

3.2.3 视觉信息量低

3.2.3.1 街道界面通透性较弱

（1）街道界面类型单一。

为了进行高效维护和管理，居住区、办公区及学校周边的街道大多设置了长段连续的实墙或铁栏杆。围栏式设计在一定程度上确实达到了预期的管理效果，确保了区域的相对封闭性和安全性，但这些围栏和围墙在视觉层面显得较为乏味，缺乏与周围环境的协调性和美感。长段连续的实墙或铁栏杆在视觉上缺乏变化，给行人带来单调和沉闷的感受，缺乏互动性，难以吸引行人的目光，也无法激发行人的参与感和归属感。在这种街道环境中，行人的活动往往受到限制，难以开展多样化的公共活动。

（2）街道界面缺乏变化。

在城市的居住区、办公区及学校周边，街道界面的设计往往呈现出一种单调和缺乏变化的趋势。街道两侧实墙面积过大，街墙类型过于单一，导致街道界面的通透性较差（图3-5）。这种界面能够传达给行人的信息十分有限，使行人在街道活动的过程中通过视觉获取的信息量减少，因缺乏变化而显得沉闷和乏味。当街道界面过于单一时，它所能传达给行人的信息也变得十分有限。行人无法从街道界面中获取原本能够激发兴趣和好奇心的元素，如店铺的招牌、广告、装饰等。由于缺乏足够的视觉刺激和吸引人的元素，街道的整体活力受到了严重影响，失去了其应有的公共属性，无法吸引人们进行社交、娱乐等多样化的活动。

3.2.3.2 街道界面材质、肌理单一

（1）界面材质单一。

生活性街道两侧建筑立面在材质和肌理上缺乏多样性和变化性，呈现出一种单调、重复的现象（图3-6）。设计上的同质化，使原本应该充满生机和活力的街道空

图 3-5　街道界面通透性较弱   图 3-6　街道界面材质、肌理单一
（图片来源：百度地图）   （图片来源：百度地图）

间变得平淡无奇，缺乏独特的魅力和个性。受追求经济效益和降低建设成本的影响，许多街道在界面材料的选择上往往采用瓷砖、涂料或玻璃等单一建筑材料，这些材料虽然经济实惠，但缺乏足够的质感和表现力。千篇一律的街道空间，不仅无法给行人带来愉悦的视觉体验，更难以激发行人的探索欲望和归属感。

（2）缺乏丰富的纹理。

生活性街道界面缺乏丰富的纹理和细节处理，建筑立面的设计过于简单，缺乏立体感，使街道空间单调无趣。此外，生活性街道中众多尺度较小的店面紧密排列，加剧了街道界面的拥挤感；店铺在材料和装饰上也往往缺乏个性和创新，使街道界面显得杂乱无章，缺乏独特的可识别性，使行人无法感受街道的整体风貌特征，只能给行人留下"千城一面"的印象。

3.2.4　视觉安全感弱

3.2.4.1　交通秩序较为混乱

（1）人车混行严重。

在城市的繁忙地段，尤其是商场和医院等人流量和车流量大的区域，交通秩序往往较为混乱。视域中混乱的交通不仅会影响行人的通行体验，还容易使行人产生紧张与不安的情绪。在这些地段，人车混行现象特别严重，不仅严重影响了行人的通行体验，降低了机动车通行效率，而且可能引发安全隐患（图 3-7）。

（2）缺乏有效管理。

缺乏足够的边界隔离设施、管理部门难以精细化管理以及不同部门管理冲突等原因的共同作用，导致了交通秩序的混乱。由于缺乏明确的分隔线或隔离带，行人和车辆难以在各自的区域内有序通行，造成人车混行的现象。由于资源有限、技术不足或政策执行不力等，管理部门难以做到精细化管理，导致部分交通违规行为得不到及时纠正。不同部门之间的管理目标、政策制定和执行标准可能存在差异，导致管理冲突的产生。

3.2.4.2 步行空间被侵占挤压

（1）机动车道占比高。

生活性街道步行空间被侵占显著降低了行人的安全感。机动车道在街道空间中的占比过高，导致了行人步行空间严重不足。违章停车和市政设施随意挤占道路的行为频繁出现，使原本就不宽敞的步行空间更加拥挤不堪。行人在行走时，不仅要时刻警惕来自车辆的威胁，还要避免与各种障碍物发生碰撞，极大地降低了行走的舒适度和安全性。

（2）区域边界模糊。

步行空间与停车区域之间缺乏明确的界限导致步行空间被侵占（图3-8）。部分生活性街道停车区域与步行空间紧密相连，甚至直接占用了步行空间，使行人在行走过程中需要时刻注意避让停放的车辆，增加了行走的难度和风险。此外，城市家具，如座椅、路灯和电话亭等的设计品质也直接影响步行空间的品质。部分生活性街道空间中的座椅等休憩设施的数量不足，品质也参差不齐，不仅影响了行人的休憩体验，也降低了街道的整体品质。

图3-7 交通秩序混乱
（图片来源：百度地图）

图3-8 步行空间被侵占
（图片来源：百度地图）

3.3 生活性街道空间视觉环境优化原则

生活性街道空间视觉环境优化应遵循以下原则（图3-9）。

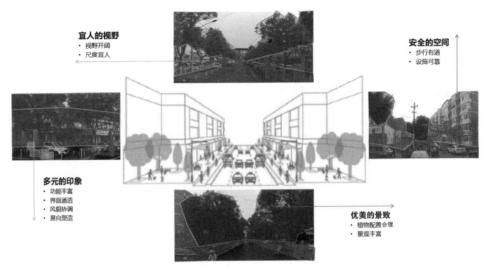

图 3-9 生活性街道空间视觉环境优化原则示意
（图片来源：作者自绘）

3.3.1 宜人的视野

宜人的视野要求生活性街道空间具有适宜的空间尺度，注重开放性和通透性。空间尺度是营造宜人街道环境的基础。合理的尺度能够确保行人在街道上的活动体验舒适，使街道既不过于拥挤，也不过于空旷，从而增强街道的亲和力与归属感。开放性和通透性对于打破封闭的空间感至关重要。封闭的街道空间给人压抑和局促的感觉；而开放和通透能够增强街道的流动性和透气性，使行人与环境形成自然的互动。对红线内外空间进行综合性的规划和精细的景观设计可以打破围墙的刚性分隔，使街道空间与周边环境相互渗透，使街道空间与周边建筑、绿地等环境元素相互融合，形成良好的视觉联系，进而构建层次分明、富有变化的空间体系。

3.3.2　优美的景致

生活性街道不仅是交通通道，更承载了市民休闲、社交与心理调节等多重功能。生活性街道应呈现优美的景致，为行人带来舒适、愉悦的感受，延长行人在户外的停留时间，丰富行人的日常活动体验。从心理学角度来看，优美的景致对于缓解心理压力和负面情绪具有积极作用。当行人置身于一个绿意盎然、景色宜人的街道环境中时，其紧张、焦虑等负面情绪能够得到一定程度的舒缓和释放，进而提升其生活质量和幸福感。

生活性街道绿化设计应当坚持因地制宜的原则。设计师应根据街道的气候、土壤、光照等具体环境因素，精心选择和设计植物景观，避免盲目植树造林。在设计过程中，设计师还要兼顾景观和公共活动需求，确保街道空间既能满足行人的审美需求，又能提供足够的活动空间。在植物配置方面，设计师应打造丰富多样的植物群（包括乔木、灌木、地被植物等），以形成层次丰富、色彩多变的景观效果，凸显植物的生态效益，并选择具有空气净化、降噪降温等功能的植物品种，为街道空间注入更多的生机与活力。

3.3.3　安全的空间

营造安全的空间是生活性街道设计最基础的内容之一。街道是城市公共空间的重要组成部分，街道的安全性直接影响居民的基本需求。视域中机动车和非机动车的杂乱无序状态成为降低行人安全感的重要因素。对于机动车占用人行道以及自行车停放不规范等问题，需要采取科学、有效的疏导和控制措施加以缓解。

针对机动车占用人行道的问题，应实施一系列的管理措施：设立明显的交通标志和标线，规范机动车的行驶和停放行为；在人流密集区域设置隔离设施，防止机动车侵入人行道；加大执法力度，对违规停放的机动车进行处罚等。对于自行车停放不规范的问题，应合理规划自行车停放区域，确保有足够的空间供自行车停放；通过设立指示牌、标线等方式，引导市民将自行车停放在指定区域；加大巡查和执法力度，对乱停乱放的自行车及时进行清理，对行为人进行处罚。在规划设计车辆通行和停放空间时，设计师应综合考虑机动车的通行效率以及非机动车和行人的安全性和便捷性，避免产生安全隐患，形成畅通、相接的慢行网络。

3.3.4 多元的印象

塑造多元的印象是提升生活性街道吸引力和活力的重要手段。生活性街道需要与行人进行深入的互动交流，充分展现街道特色，为行人提供丰富多元的环境体验。首先，生活性街道应沿街布置多元复合的综合服务设施，不仅应包括传统的商业零售、餐饮服务设施，还应涵盖文化娱乐、休闲健身等多个领域。通过引入多元复合的综合服务设施，生活性街道能够吸引不同类型的行人，满足不同人群的需求，从而增强街道的吸引和活力。其次，街道底层空间的设计应体现活跃、开放的特点。在进行沿街建筑设计时，设计师应综合考虑行人的视角和不同步行速度的视觉感知体验，通过合理的空间布局、丰富的景观设计和人性化的设施配置，营造出一个舒适、便捷、有趣的步行环境。最后，设计师应深入挖掘并延续城市街道文化内涵。生活性街道是城市的重要组成部分，承载着丰富的历史文化和地方特色。在规划设计中，设计师应注重保护与发展的平衡，挖掘历史文化遗产和历史文化特色，打造文化景观节点，塑造出具有地区独特生活风貌和历史文化特色的街道。

3.4 生活性街道空间视觉环境影响因素

生活性街道空间视觉环境由众多要素共同构成，这些要素展现出的丰富特性深刻影响着行人的空间感知与环境体验。本研究通过对相关文献的阅读和实地走访调研，对生活性街道的空间要素进行归纳与总结，根据其对行人感知体验的不同影响进行分类，从空间开放性、空间舒适性、空间安全性和空间丰富性四个方面进行叙述(图3-10)。

3.4.1 空间开放性

建筑界面围合度能够反映街道空间开放程度。在街道空间设计过程中，设计师应根据各类建筑的不同需求有所侧重，注重营造有序的空间布局，并使建筑界面的复杂性适度，使街道空间具有开放性，以减弱行人注意力的消耗。建筑界面对视觉环境的影响主要体现在建筑体量、建筑幕墙及底层空间三个方面。

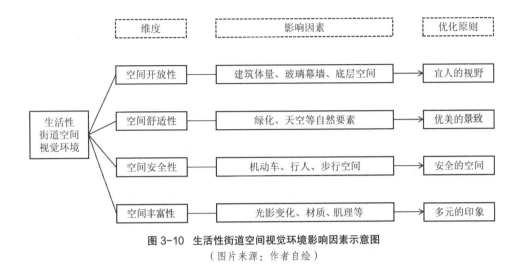

图 3-10　生活性街道空间视觉环境影响因素示意图

（图片来源：作者自绘）

随着城市化进程的不断加快，视觉环境呈现出高密度的特征。视觉环境的高密度不仅体现为人口的集聚，更直观地体现为建筑密度的不断增大。为适应这种变化，建筑设计理念发生转变，从传统横向扩展转变为竖向生长，在塑造城市天际线的同时，导致行人视觉上承受的压力增大。建筑高度、顶部样式及颜色显著影响行人对街道空间视觉环境的感知。其中，建筑高度是主导因素，而顶部样式和颜色次之。建筑高度既能独立对个体感知产生影响，又能在一定程度上调节个体对建筑颜色和顶部样式的感知。当建筑高度增加时，行人的注意力会无意识地被建筑整体展现的垂直节奏感吸引，垂直节奏感增强了行人在街道环境中感知的连续性。Spanjar G 等（2020）认为，建筑高度显著影响行人对视觉环境的感知，行人的注意力会无意识地被建筑整体展现的垂直节奏感吸引，应增强在街道环境中感知的连续性。当前，个体对于高层建筑高度的感知已不局限于单体建筑，而是根据视域补充原则，综合考虑周围高层建筑的高度对视觉环境的影响，使个体能够更准确地把握城市天际线的整体特征，进而形成对视觉环境更为全面和深入的认识。

相较于栅格界面和砖瓦石墙，玻璃幕墙建筑界面在形式上更具统一性，其表面光滑且反射性强，能够增强空间的通透性，有效拉近人与空间之间的心理距离。视觉上的亲近感使个体在感知环境时，能够更轻松、更直接地捕捉到环境信息，从而降低个体对环境感知的难度。玻璃以其独特的物理属性（透光性），使光线能够顺利穿透玻璃幕墙，在视觉环境感知中扮演着关键角色。在信息传递方面，玻璃幕墙在一定程度上保障了信息的准确性和完整性，使个体能够清晰、准确地感知视觉环境中的信息。Sun M 等（2018）认为，视觉环境评价受视觉信息呈现方式的影响，与较为模糊的景观相比，透过玻璃观察到的景观更具辨识度，其透光性使个体能够清晰地感知视觉环境。相比之下，混凝土等材料在视觉信息传递方面存在局限性。尽管其自身结构相对完整，但受经济、市场等外部因素的限制，其表面通常附加各种外在信息，如广告、标语等，严重干扰个体对视觉环境的感知，还可能导致信息的误读或混淆。

高层建筑底层空间的开放程度也会对行人视觉感知产生影响。不同属性高层建筑的底层空间的开放程度各不相同。特别是商业属性建筑，如办公属性建筑，在底层空间的开放程度上呈现出明显的差异。商业属性建筑的底层空间往往承载着商业活动和社交互动的功能，视觉元素丰富，环境氛围活跃，其设计旨在吸引行人的注意力，激发消费欲望，并为行人提供最优的视觉感知体验。结合实地调研可以发现，商业属性建筑通常在底层空间中引入星巴克、瑞幸咖啡等品牌，并配备露天休息区和半开放吧台。这些设计元素不仅丰富了空间的视觉层次，也为行人提供了便捷舒适的休闲场所。办公属性建筑的底层空间功能需求较为单一，主要服务于办公人员进出和日常办公需求，底层空间视觉感知体验相对乏味。办公性质建筑更倾向于采用封闭性较强的砖墙立面，在保证内部空间的私密性和安全性的同时，削弱底层空间的开放性（图 3-11）。这一现象与 Amundadottir L M 等（2017）在评估不同建筑空间在不同时间和天空条件下对视觉感知影响方面的研究结论相契合。研究指出建筑空间会通过影响视觉兴趣和凝视行为影响人们的视觉感知。

3.4.2 空间舒适性

舒适感离不开良好的绿化品质，街道空间舒适性主要受绿视率和天空开阔度等自然要素的影响（图 3-12）。减压理论认为有助于个体缓解紧张情绪的环境应该具备在生理或者心理上与日常视觉环境相远离的特点。徐磊青等（2017）基于城市化视角，对人类的自然感知倾向进行了深入探讨。在城市化程度较高的区域，周边居民更期待接近自然环境，视觉舒适性成为决定认知恢复程度的重要指标。

绿视率作为衡量街道绿化程度的重要指标，在个体在特定视觉环境中的认知过程

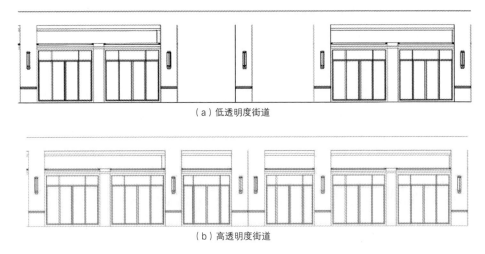

（a）低透明度街道

（b）高透明度街道

图 3-11　低透明度街道与高透明度街道
（图片来源：作者自绘）

（a）低舒适性　　　　　　　　　　　　　　　（b）高舒适性

图 3-12　街道空间舒适性对比
（图片来源：凡筑设计官网，https://www.gooood.cn/company/fanzhu-design）

中扮演重要角色，直接关系到行人在街道空间中的体验。街道绿视率直接影响行人舒适度。充足的绿化不仅能为行人带来视觉上的愉悦感，让街道呈现出更加宜人的景观环境，还能在一定程度上激发市民出行的积极性。较低的绿视率反映出街道景观绿化不足和地面硬质铺装面积占比过高的问题，不仅影响街道的美观性，还可能因缺乏绿色植物的调节作用而导致微气候的恶化，进而影响行人的舒适体验。因此，空间舒适性是衡量生活性街道空间视觉环境的重要因素。自然要素在视觉环境中的占比，影响个体认知负荷，进而影响个体对视觉环境的体验。

天空开阔度是街道空间视觉环境的重要组成部分，是街道中行人感知外部自然环境的主要途径，具体体现在心理和生理两个层面。开阔的天空视野和宜人的景观环境，能够为行人带来一种自由、无拘无束的感觉，有助于吸引行人在街道中停留较长时间，减轻城市生活的紧张感与压力，促进行人内心的平静与舒适。开阔的天空也有助于提升空间的舒适度，减少建筑物的遮挡，使阳光、空气等自然元素与空间结合，为街道空间注入生机与活力。这种环境有助于改善空气质量，缓解城市热岛效应，为行人提供一个更加健康、舒适的物理环境，进而提升行人的健康水平。天空开阔度并非越高越好，过高的天空开阔度可能导致街道空间过于空旷，使街道空间缺乏层次感和围合感，反而会降低行人的舒适感。合理的规划和设计可以优化行人视域中天空的布局和比例，在确保视线通畅无阻的同时，营造出舒适、宜人的街道空间环境。

因此，在空间舒适性的综合考量中，设计师需要全面分析绿视率和天空开阔度等自然因素的影响，提升街道空间品质，为居民创造出一个更加宜居、舒适的街道空间环境。

3.4.3 空间安全性

空间安全性主要受个体安全感知需求的影响，不同行为主体在不同情境下对安全感知的需求是不同的。行人的安全感知主要受机动车占比、道路占比和行人出现率影响。

街道空间中的机动车具有一定的危险性，其行驶过程中的动态性和不确定性对行人的安全感产生显著影响，易引起个体的警觉。视野中机动车占比成为影响行人视觉感知的重要因素，机动车的数量和速度直接影响行人的安全感（图3-13）。在机动车较多的街道中，行人的视觉焦点更容易被机动车吸引，这要求行人在行走过程中分配更多注意力来观察交通状况，评估机动车的行驶轨迹和速度，以确保自身安全，从而增加了行人的心理负荷。机动车的行驶还会对街道空间的物理环境产生影响。机动车的尾气排放和噪声污染会破坏街道的生态环境，影响行人的身心健康。

宽阔的步行空间可以保障路面通畅，为行人提供开阔的视野，其对视觉环境的影响主要体现在增强个体对周边环境的判断能力、提供避让空间、减少人车混行冲突三个方面。宽阔的步行空间显著增强了行人对周边环境的判断能力。通过清晰的视线，行人能够更准确地把握道路的走向、宽度，以及道路与绿化带、建筑立面等其他空间

（a）低安全性　　　　　　　　　　　　（b）高安全性

图 3-13 街道空间安全性对比

（图片来源：凡筑设计官网，https://www.gooood.cn/company/fanzhu-design）

的关系，从而更准确地判断自身的位置和移动方向，更轻松地观察到周围的环境，提升步行的舒适度和自信感。宽阔的步行空间为行人提供了充足的避让空间。在行人密度较大的区域，避让空间尤为重要，不仅可以减少行人之间的身体接触和冲突，还能在紧急情况下为行人提供足够的空间方便快速疏散。此外，宽阔的步行空间还有助于减少人车混行的冲突。人车混行已成为现代城市中普遍存在的问题。宽阔的步行空间可以有效地将行人和车辆分隔开，降低两者之间的冲突风险。

由瞭望 - 庇护理论可知，人们喜欢可以瞭望但不被看到的地方。在满足行人安全感的同时提供相对私密的庇护空间可以增强空间安全性。宽阔的路面能够减少行人之间的拥挤和冲突，使步行环境更加和谐和宁静。当下部分人行道存在步行者与外卖员在人行道逆行、乱窜的现象，宽阔的步行空间可以通过限定不同使用者的活动领域来减少相互干扰，使步行环境更加和谐有序。

聚集的行人作为生活性街道的重要组成部分，不仅是街道活力的体现，更是提升空间安全性的重要因素。行人的交谈、驻足、观望和锻炼等行为，不仅丰富了街道视觉环境，使其呈现出一种多元、生动的氛围，也提高了空间的互动性。较高的空间互动性有助于增强行人之间的社会联系，使街道成为一个充满温情和有归属感的社交场所，使行人能够感受到他人的存在，从而产生一种良好的安全感。简·雅各布斯的街道眼理论指出，街道既是城市中不可或缺的公共活动场所，又是富有活力、承载着巨大社会和人文价值的空间。街道中的行人对居民日常行为活动具有一定的监督功能，即街道上行人的活动可以自然监控公共空间及其他活动，能够有效地预防犯罪和其他不良行为的发生，极大地提升了街道空间的安全水平。

3.4.4 空间丰富性

生活性街道中各类要素通过在空间上整合而形成街道空间。从行人通行角度进行观察，各类空间要素（如建筑、天空、绿化、街道家具、光影变化）之间存在一定的遮挡和连接关系，与街道空间历史要素、地域性、独特性、活动多样性等多种因素共同构成完整视觉画面（图3-14）。

（a）低丰富性　　　　　　　　　　　（b）高丰富性

图3-14　街道空间丰富性对比

（图片来源：凡筑设计官网，https://www.gooood.cn/company/fanzhu-design）

生活性街道空间信息多样，外在信息和关键信息是影响视觉环境的主要因素。在认知负荷理论中，街道空间信息被视为外在信息。对于个体而言，外在信息的一致性至关重要。外在信息的一致性不仅体现在信息的样式上，还体现在信息的位置、形状、大小等属性，以及周边环境的光影变化上。信息丰富程度直接影响个体感知和处理视觉信息的难易程度。保持信息一致性能够显著减少对个体心理容量的占用和消耗，使行人更容易获取和理解街道空间的信息，从而达到最优的视觉效果。当外在信息组织混乱或形状之间存在冲突时，行人的视觉感知将受到严重干扰。为处理复杂的视觉信息，行人需要投入更多心理存量，导致认知负荷增加。在丰富的街道空间中，关键信息能够提升行人的视觉兴趣与关注度，能够迅速捕获行人的注意力。在预注意机制的整体优先性作用下，行人视野中会出现大量非常复杂的视觉信息，包含展品、风景以及路人的服饰等视觉信息，但大部分视觉信息无法转化为大脑记忆。视觉系统在处理街道空间信息时，更倾向于捕获和存储街道中最典型的轮廓、特征性和关键性的整体信息，实现对环境的有效认知和记忆。

历史要素、地域性、独特性、活动多样性在塑造街道空间的视觉体验中发挥着至关重要的作用，通过影响行人的视觉体验，增强行人对空间的认同感、归属感、探索欲望和社交体验等，从而提升街道空间的吸引力和活力。历史要素承载着丰富的历史信息和文化内涵，通过独特的造型、色彩和材质，为行人提供丰富的视觉体验，增强了空间的历史感和文化感，让行人在视觉上感受到时间的流逝和历史的沉淀，从而增加了空间的深度和层次。地域性特色是指某个地区特有的自然景观、人文景观和建筑风格等。地域性特色在视觉感知上表现为独特的色彩、材质和建筑风格等。地域性特色使行人能够一眼识别出该地区的特色，从而增强行人对空间的认同感。地域性的视觉特征能够激发人们的探索欲望，吸引人们前来游览和体验，使街道空间成为城市文化的重要载体。独特性是指街道空间在视觉上的独特性和个性，能够吸引行人的注意力，激发行人的兴趣和好奇心，让行人在视觉上获得愉悦和享受，增强空间的辨识度和记忆点，使行人愿意再次回到这个空间进行社交和体验。活动多样性可以丰富街道空间的功能和用途，为行人提供更多社交和互动机会。通过举办各种文化、艺术、娱乐活动，街道能够吸引更多的行人前来参与和体验，从而增强空间的活力和吸引力。

因此，在对街道空间视觉环境进行评价时，对于丰富性的考量并不需要过于关注每个元素的细节及其在整体视觉场景中的作用，而是要采取一种更为系统和全面的视角，从视觉环境系统的角度出发，提取能够反映视觉环境丰富性的关键指标，以全面高效地评价街道空间视觉环境。

3.5 本章小结

本章结合实地调研和相关文献的整理与分析，从行走、休憩及购物三项行人行为中归纳行人行为特点，总结出景观环境需求、空间要素需求、视觉效率需求和"看"与"被看"需求四种行人视觉需求，发现了生活性街道空间视觉环境存在视觉效率低下、视觉秩序缺失、视觉信息量低及视觉安全感弱等现状问题，提出了生活性街道空间视觉环境优化原则，并从空间开放性、空间舒适性、空间安全性和空间丰富性四个方面总结出生活性街道空间视觉环境影响因素，为下一章，即生活性街道空间视觉环境评价方法构建奠定基础。

4

生活性街道空间视觉
环境评价方法构建

生活性街道空间视觉环境评价是制定城市的更新改造政策的重要依据，对整治优化生活性街道空间视觉环境、提升公共空间品质、塑造城市风貌等都有重要的意义。本章将构建基于街景图像的生活性街道空间视觉环境评价模型（图4-1）。

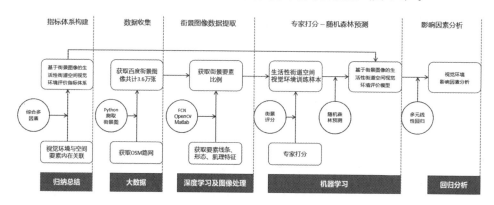

图 4-1 分析框架

（图片来源：作者自绘）

4.1 节介绍了基于街景图像的生活性街道空间视觉环境评价指标体系及各指标测度方法；4.2 节介绍了街景图像数据的来源、街景图像数据库的构建以及图像处理方法；4.3 节对生活性街道空间视觉环境评价模型构建过程进行了阐述，通过多元线性回归探究了视觉环境影响因素；4.4 节对本章进行了总结。

4.1　生活性街道空间视觉环境评价指标选取

4.1.1　评价指标选取原则

4.1.1.1　科学性

在选取指标时，必须严格遵循客观事实，避免主观臆断和偏见，综合运用城市规划、风景园林及认知心理学等多学科领域的相关知识和理论，以确保所选指标能够全面、准确地反映生活性街道空间视觉环境的本质特征。在指标的选择上，结合现有的街道空间规划设计经验与理论，选取能够科学、合理且真实体现生活性街道空间视觉环境的指标。指标不仅要能够反映街道空间的基本属性，还要能够体现街道空间的功能性和使用者的需求。指标之间应具备一定的逻辑关系，同时需要满足普适性要求，确保最终评价结果科学和合理。

4.1.1.2 系统性

系统性是指评价体系由一系列相互关联、相互作用的独立指标共同构建，各指标在体系中扮演着特定的角色，共同构成一个完善整体。系统性要求评价体系中的每个指标都应当具有明确的定义和独立的测量标准，能够精准地反映生活性街道空间视觉环境的某一特定方面，如空间布局、绿化配置、设施配置等。

系统性强调指标之间的相互联系和相互作用。各指标不是孤立存在的，而是相互关联、相互影响的。空间布局的合理性可能会影响绿化配置的效果，设施配置的完善程度可能会影响空间使用的便捷性和舒适性。在构建评价体系时，我们需要深入分析这些指标之间的相互关系，确保它们能够相互协调、相互促进，共同构成一个完整的评价体系。系统性要求评价体系能够全面、准确地反映生活性街道空间的视觉特征。综合考量这些方面的指标，可以更加全面、准确地评价生活性街道空间视觉环境，为城市规划和设计提供有力的支持。

4.1.1.3 代表性

街道规划设计是一项多学科、多领域的综合性工作，视觉感知与建筑界面、绿化、色彩及街道光影变化等诸多要素紧密相关，评价体系呈现复杂性和多样性特征。因此，在筛选指标时，应遵循典型代表性原则，确保所选指标能直接反映街道空间最主要的内容与核心特征；应聚焦能够集中体现生活性街道空间视觉环境特点的要素，确保这些指标能够简洁地反映行人的视觉感知需求；应避免冗余和重复的指标，以降低评价体系的复杂性和提高评价效率，避免冗余和重复，实现生活性街道空间视觉环境评价全方位覆盖。

4.1.1.4 可量化性

随着计算手段的发展，街景图像易获得性和信息可量化性为生活性街道空间视觉环境评价提供了有力的技术支撑。为构建稳定且可靠的视觉环境评价体系，我们遵循可量化性原则，运用客观指标代替主观评价，进行无人为干预的自动化评价。可量化性原则要求在构建评价体系时，优先选择可以量化的指标。指标应具备明确的测量标准和计算方法，能够客观地反映街道空间视觉环境的实际情况。运用这些客观指标可以减少主观因素的影响，提高评价结果的客观性和规范性。可量化性原则还有助于实现评价过程的自动化，借助先进的计算技术和算法对街景图像进行高效、准确的分析和处理，提取出有用的信息并进行量化评价，降低评价成本。

4.1.2 视觉环境评价指标选取

与传统的街道空间视觉环境评价不同，本研究采用的评价指标均来自街景图像，使用图像语义分割及图像处理技术深入解析图像，提取关键图像信息。在初步选择评价指标时，不仅要遵循科学性、系统性、代表性等原则，还要兼顾评价指标的重要性和图像处理算法的适用性。具体筛选过程分为两步：①基于街道空间视觉环境评价相关文献，进行指标的重要程度的确定；②考虑指标的可量化性，确保评价指标客观可行。

4.1.2.1 评价指标来源

生活性街道空间视觉环境评价指标体系众多，涉及空间品质、景观视觉、美感、愉悦感等各个方面，本研究对具有代表性的文献中的评价指标进行了统计（表4-1）。统计过程中，不同文献中出现的名称不同而实际意义相同的指标归为同一类别，如绿视率和绿色视觉指数均表示街道空间中可见绿化面积的占比。此外，本研究以街景图像为数据载体，主要针对街道空间视觉特征进行，并不适用贴线率、近线率及POI数据等街道平面特征，因此未将这些特征纳入指标筛选范围。

表 4-1 现有生活性街道空间视觉环境评价指标梳理

视角	学者	评价指标	视觉要素
空间品质	郑屹等、杨俊宴等	绿色视觉指数、天空开敞指数、色彩氛围指数、色彩丰富指数	绿植、天空、建筑、地形、车辆、机动车道、步行道、行人
	韩君伟、董靓	视觉熵、色彩丰富指数、街道宽度、沿街建筑高度、天际线变化指数、天空开阔指数	天空、建筑、机动车道、非机动车道、街道设施
	黄竞雄等	绿视率、围合度、天空开敞度、拥挤程度、多样性	绿植、天空、建筑、行人、街道设施
	叶宇等	街道绿视率、天空可见度、建筑界面、步行空间、道路机动化程度、多样性	绿色植被、天空、建筑界面、机动车道、步行道、道路设施
	戴智妹等	绿视率、街道开敞度、界面围合度、机动化程度、汽车出现率、行人出现率	绿化、天空、建筑、道路、行人、机动车
	胡昂等	绿视率、围合度、天空开阔度、贴线率	绿化、建筑、天空

视角	学者	评价指标	视觉要素
景观视觉	余付蓉	色彩明度、色彩饱和度、显著区域特征、绿视率、视觉熵、天空闭合指数	色彩、显著区域、绿化、天空
	李鑫等	绿视率、蓝色视野指数、驳岸硬质度、滨河建筑密度、桥梁可视度、干扰因素指数、滨河自然开阔度、滨水围护度、道路宽广度	绿化、河流、天空、岸线、道路
	董贺轩等	尺度特征（面积、高宽比）、形状特征（形状系数）、界面特征（绿视率、通视率）	街道植物空间形态
美感	方智果等	街道宽度、街道高宽比、绿视率、店面招牌数、界面通透度、建筑密度、容积率、开放空间比例	绿化、天空、建筑、标志物
视觉表征	甘伟等	天际线分形维数	天空
	马兰等	视觉复杂度	建筑界面

（资料来源：根据参考文献整理）

4.1.2.2 评价指标筛选

对以往研究进行梳理发现，天空开阔度、建筑界面围合度、绿视率、机动车道占比、人行道占比、行人出现率、机动车出现率这 7 个指标是影响街道空间视觉环境评价的重要因素。当前关于街道空间视觉环境评价的研究常以图像语义分割后的建筑、绿化及天空等高级视觉特征并结合街道宏观特征构成街道空间的评价指标体系，对街景图像中的线条、形态、肌理等低级视觉特征缺乏清晰量化的标准。

生活性街道与行人生活息息相关。不同于景观视觉评价，行人重点关注建筑界面。因此，在视觉表征方面，本研究引入二维熵代替视觉熵，充分反映街景图像肌理变化情况；在形态特征方面，本研究关注建筑界面形态特征，以建筑界面外部形状指数反映行人行走过程中的景物遮挡、视线分割特征，反映行人视觉效率需求；在线条特征方面，本研究以计盒维数反映街景图像线条变化情况，衡量行人视觉信息的复杂度。

（1）开放性指标。

视域空间开放是行人在街道空间中的基本视觉需求。相关研究表明，行人在视觉环境中的认知负荷与空间的开放性呈负相关，认知负荷会随空间开放性增高而降低，带来更为舒适的视觉体验和更为流畅的视觉信息感知。在生活性街道中，两侧建筑的围合度是影响行人视域空间开放性的首要因素。建筑界面的围合度直接决定街道空间的开放程度，影响行人的视觉体验和空间感受。保持视域空间开放是优化生活性街道空间视觉环境的首要因素。本研究以建筑界面围合度作为开放性指标，旨在通过量化分析来评估街道空间的开放程度，为规划设计提供科学依据。

（2）舒适性指标。

视域空间舒适性主要是指街道环境中绿化、天空、花卉、水系等自然景观对行人的积极影响。街道自然景观能够为行人提供视觉上的享受，能够缓解行人的心理压力，提升行人的街道活动体验，显著影响街道的社交氛围。绿视率是衡量街道绿化水平的重要指标，被广泛认为在缓解心理压力、提升视觉舒适性方面具有主要作用。绿视率的高低直接影响行人对街道环境的感知和评价，高绿视率的街道能够为行人带来更为愉悦的视觉感受，使行人产生积极的心理认知。除绿视率外，天空开阔度也是影响街道视觉舒适性的重要因素。天空开阔度反映了天空的开放程度，对于营造开阔、明亮的街道环境具有重要意义。增加街道的绿化面积和降低建筑界面的高度，可以提高天空开阔度，使行人能够感受到街道空间的宽敞、明亮。本研究中的舒适性指标主要包括绿视率和天空开阔度，主要表现为可从街道环境中获得愉悦的视觉感受、产生积极的心理认知。

（3）安全性指标。

安全性表现在视域空间安全感知及街道活动安全体验两个方面。在视域空间安全感知方面，我们主要关注道路占比、机动车出现率及以慢行为主的街道环境等因素。本研究中的安全性指标主要包括视域中道路占比、行人出现率及机动车出现率。在街道活动安全体验方面，我们侧重考量街道环境的活动性。活动性稳定的街道环境能够满足行人的日常活动需求，如步行、休闲、社交等，同时能承载一定的社会性活动，如街头表演、市场交易等。这些活动能够增加街道的活力，提升行人的安全感和归属感。

（4）丰富性指标。

丰富性主要指街道视觉环境的丰富性，具体表现在街道整体视觉印象和街道视觉效率两个方面。街道整体视觉印象主要由招牌、街道家具、交通指示牌等户外信息要素组成，要素的组合和呈现方式直接影响行人的视觉感知。良好的视觉环境应具备重点突出、色彩鲜明、整洁有序的特点，能够给行人留下深刻的印象和带来积极的体验。

街道视觉效率要求既有通视又有遮蔽，保证一定的视觉效率。通视性能够使行人清晰地观察到街道环境的全貌；遮蔽性能够避免过度的视觉刺激和信息过载，为行人提供适当的休息和放松空间。既有通视又有遮蔽的街道环境能够带来视觉上的变化和愉悦感，提升行人的视觉体验。本研究中的丰富性指标主要包括建筑界面外部形状指数、计盒维数和二维熵，分别表征街道建筑界面形态、街道空间线条变化程度和街道空间肌理丰富性。

本研究在遵循评价指标选取原则的基础上，结合生活性街道空间要素与视觉环境的内在关联，从开放性、舒适性、安全性和丰富性四个维度对现有分析技术可测度的影响因子进行分类（图4-2）。其中，开放性、舒适性和安全性是可意向的高级视觉特征，丰富性主要指由视线遮挡、光影变化等产生的不可意向的低级视觉特征。

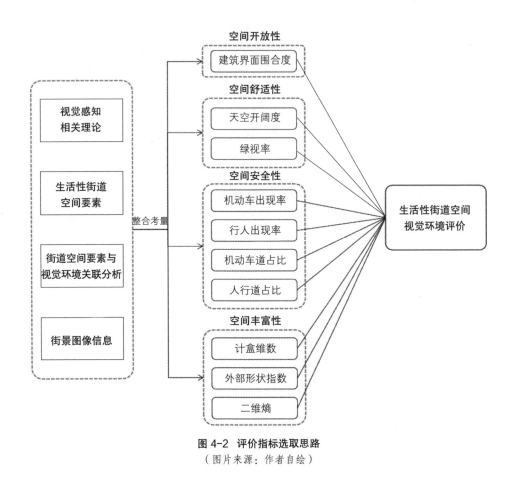

图 4-2 评价指标选取思路

（图片来源：作者自绘）

4.1.3 视觉环境评价指标测度

4.1.3.1 空间开放性指标测度

建筑界面围合度作为一个关键指标，被广泛应用于评估城市街道空间的开放性。该指标主要通过计算街景图像中建筑物所占面积与整个街景图像面积的比值，从而量化地描述由建筑要素围合而成的街道空间的开放程度。具体计算公式如下：

$$建筑界面围合度 = \frac{建筑面积}{图像总面积} \times 100\% \tag{4-1}$$

4.1.3.2 空间舒适性指标测度

（1）绿视率。

街道空间的绿化程度是行人感受自然环境的关键点，其高低程度对视觉感知具有显著影响。绿视率，即行人视域范围内绿色植物占全部视野的比值，包括绿植、草地在图像中所占比例，是一个可量化的物理指标。具体计算公式如下：

$$绿视率 = \frac{绿化总面积}{图像总面积} \times 100\% \tag{4-2}$$

（2）天空开阔度。

天空开阔度对行人的视觉体验和心理状态具有显著影响。开阔的天空不仅可以提供更广阔的视野，而且有助于减少视觉上的压抑感，对于缓解城市居民因长时间身处密集建筑物之间而产生的视觉疲劳具有积极作用。因此，本研究将天空开阔度作为衡量生活性街道空间视觉环境的重要指标，计算公式如下：

$$天空开阔度 = \frac{天空面积}{图像总面积} \times 100\% \tag{4-3}$$

4.1.3.3 空间安全性指标测度

（1）机动车出现率。

机动车出现率代表了街道空间中机动车的流量水平，能够反映出城市机动化发展的程度。过高的机动车出现率不仅会阻碍城市环境的绿色可持续发展，更会对步行者与非机动车使用者造成诸多不便。因此，本研究以某一时刻定街景图像为载体，精确计算机动车要素在图像中所占的面积比例。具体计算公式为：

$$机动车出现率 = \frac{机动车面积}{图像总面积} \times 100\% \tag{4-4}$$

（2）行人出现率。

行人出现率，即街景图像中行人和非机动车要素占图像面积的比例，是衡量生活性街道空间中非机动化出行方式的重要指标，能够直观反映出该区域内慢行系统的发展状况和步行频率与自行车使用频率的高低。步行和自行车是城市慢行系统的重要组成部分，其出现率的高低直接关系到街道空间的活力，也间接反映了交通管理政策对于非机动化出行方式的支持与引导力度。具体计算公式如下：

$$行人出现率 = \frac{行人面积 + 非机动车面积}{图像总面积} \times 100\% \tag{4-5}$$

（3）机动车道占比。

机动车道占比是评价街道的整体通行能力和行人活动空间的重要指标，不仅反映了机动车在街道空间中的通行效率，也反映了城市居民在街道空间内可自由活动的范围与安全性。机动车道占比，即行人视域范围内机动车道面积占全部视野的比值，计算公式如下：

$$机动车道占比 = \frac{机动车道面积}{图像总面积} \times 100\% \tag{4-6}$$

（4）人行道占比。

人行道占比对行人步行体验具有显著作用。在进行街道规划设计时，预留适当的步行空间既可以将人车使用空间有效分离，又能提升行人的安全感。过去以机动车为中心的街道设计，在很大程度上压缩了步行空间，制约了街道中行人的活动程度和街道的容纳能力，影响了行人的出行体验。具体计算公式如下：

$$人行道占比 = \frac{人行道面积}{图像总面积} \times 100\% \tag{4-7}$$

4.1.3.4 空间丰富性指标测度

（1）外部形状指数。

丰富的街道家具及绿化，会对行人视线产生一定的遮挡，从而影响行人对建筑界面的视觉感知。本研究使用外部形状指数表示建筑界面轮廓的复杂程度和不规则性，量化由于视线遮挡产生的景物分割（图4-3）。外部形状指数通过计算街道建筑界面的周长与相同面积的圆的周长的偏离程度来量化建筑界面轮廓的复杂程度，即 B^e 为

$$B^e = \frac{P}{P^e} = \frac{P}{2\pi\sqrt{\dfrac{A}{\pi}}} = \frac{P}{2\sqrt{\pi A}} \tag{4-8}$$

式中：P 是建筑界面的周长，A 是建筑面积，P^e 是与建筑等面积的圆的周长。

当 B^e 接近 1 时，建筑界面轮廓较为规则，接近圆形，视线遮挡较少，景物分割不明显。当 B^e 较大时，建筑界面轮廓复杂，存在较多的凹凸和转折，视线遮挡严重，景物被分割成多个部分。因此，通过计算外部形状指数，我们可以直观地了解街道空间中视线遮挡和景物分割程度，为规划设计提供有益的参考。

图 4-3 建筑界面轮廓示意
（图片来源：作者自绘）

（2）计盒维数。

分形维数是量化复杂物体结构的关键指标。街道空间的线条复杂性与不规则性越高，其分形维数越高，视觉复杂度也越高。因此，本研究以分形维数表征街道空间视觉复杂度。

分形维数包括豪斯多夫维数、计盒维数、相似维数等多种计算方法。本研究使用的计算方法为计盒维数（box dimension），它的结果较为精确，使用较为广泛。计算计盒维数需要用等分的方形网格覆盖图形，随后逐步缩小网格的尺寸，计算并统计覆盖住图案所需的格子数量，具体计算公式如下：

$$D_c = -\lim_{r \to 0} \frac{\ln N(r)}{\ln r} \qquad (4\text{-}9)$$

D_c 为计盒维数；$N(r)$ 为覆盖有被测物体的网格数；r 为盒子的边长。以采样点为例，将提取的街道空间线条置于不同尺度的网格中，随着正方形网格长度 r 不断缩小，依次为 1、1/2、1/4、1/8 等时，覆盖轮廓线的正方形网格数 $N(r)$ 随之发生相应变化，r 与 $N(r)$ 同取双对数，并绘制双对数散点图，该图的斜率即为分维值。

具体操作步骤如下：①使用自适应阈值法将图像进行二值化处理，对处理好的图片通过 Canny 边缘检测算法识别街景图片中的边缘信息（图 4-4）；②通过 Matlab 2020b 平台下的 FracLab-2.2 插件计算街景图片维数（图 4-5）。

图 4-4　Canny 边缘检测
（图片来源：作者自绘）

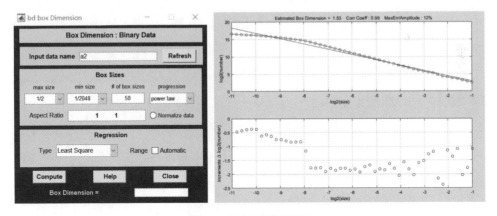

图 4-5　计盒维数数值示意
（图片来源：作者自绘）

（3）二维熵。

图像二维熵不仅能体现图像信息量，更能凸显图像中各像素及其邻域内灰度分布的综合特征，对于理解图像的丰富性，评估场景的光影变化、材质多样性和造型细节至关重要。本研究以二维熵来反映场景光影、材质及造型等因素。为表征灰度信息的空间特征，本研究引入图像的像素点及其邻域信息，构建一个新型的特征二元组（i,j）。其中 i 代表某一点像素的灰度值，范围为 0~255；j 代表该像素点邻域内灰度均值，范围为 0~255。计算公式如下：

$$P_{ij}=\frac{f(i,j)}{WH} \tag{4-10}$$

式中：$f(i,j)$ 为特征二元组（i,j）出现的次数，W 和 H 为图像尺寸。

$$H_c=-\sum_{i=0}^{255}\sum_{j=0}^{255}P_{ij}\log_2 P_{ij} \tag{4-11}$$

本研究通过统计图像中不同灰度值及其邻域灰度均值出现的频率，进而计算得到图像的二维熵值。这个值越大，表明图像中灰度值及其邻域灰度均值的变化越丰富，即图像的信息量越大。具体操作步骤如下：使用 Python 中 OpenCV、NumPy 及 OS 等代码库来编写代码，对图片进行遍历，读取图像中每个像素的灰度值 i，计算每个像素的八个邻域像素的平均灰度值 j，得到由 i 和 j 组成的二维元组（i,j）。

如图 4-6 所示，图片的中部有一个像素点，其灰度值为 112。该点周边八个邻域像素的平均灰度值分别为 200、36、96、83、255、0、17 和 103。计算邻域像素的灰度均值，得到结果为 98.75。为方便后续处理，按照四舍五入的规则对均值进行取整，则该点对应的二维元组为（112，99）。遍历整幅图像的每个像素点，可以得到一系列这样的二维元组（i,j），通过对各种二维元组的数目进行统计，并用各自的个数 N_{ij} 除以总数 N，便可得到频率分布 P_{ij}，由此可以获得整幅图像的二维熵。

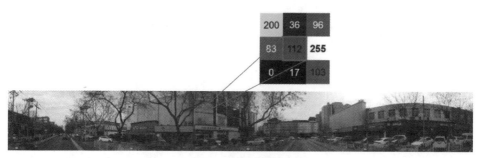

图 4-6　二维熵计算示意图
（图片来源：作者自绘）

4.2 街景图像采集与应用

4.2.1 街景图像特征及优势

4.2.1.1 图像数据特征

街景图像通常用 8 位色彩表示，即利用 256 种不同数值的组合在 RGB 三色彩通道中构建多像素矩阵。因此，一张图片的内容可以用一个三维矩阵来描述，其维度为长度像素、宽度像素和 RGB 三通道，三维矩阵按照特定顺序排列可以用一个数列来表示（图 4-7）。在街景图像表达中，不同的像素组合形成不同的场景元素，将特定的环境要素映射到对应的数据组合，为量化分析奠定基础。图像数据的简单表达方式为机器学习模型的介入提供了重要的数学基础。

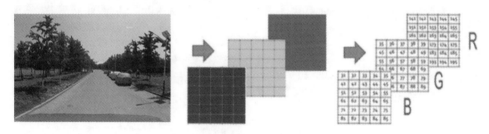

图 4-7 RGB 彩色图像数列表示方式
（图片来源：作者自绘）

4.2.1.2 街景图像优势

（1）客观真实。

街景图像反映了行人在街道上所能看见的景象，为近人视角下城市空间研究提供了数据支撑。不同于 Flicker 等带有地理坐标的图像，街景图像反映了街道环境的客观状况，而非用户的主观感受或情感表达。Flicker 图像由使用者选择，只有受到使用者关注的图像才会被上传到互联网平台。因此，以街景图像为载体，能够迅速、准确地获取街道空间环境的真实信息，达到客观地评价街道空间环境的目的。

（2）要素丰富。

街景图像包含丰富的街道空间要素，具体包括自然要素（天空、绿化、河流等）、建成环境要素（建筑物、道路、构筑物等）和流动街景要素（行人、机动车、非机动车）。各类要素为街景图像提供了丰富的信息源，可以通过图像语义分割和图像处理技术准确地识别要素并挖掘图像信息，有助于进一步探究它们的空间分布规律和相互作用机制，更深入地理解街道空间环境的构成和特征。

（3）采集方便。

百度、腾讯及 Google 等地图平台均提供了获取街景图像的 API 接口，在获取特定的权限后控制特定参数即可快速实现大范围的街景图像采集，采集程序通过 Python 编程即可完成。其中，百度全景静态图接口参数包括 width、height、location、heading、pitch、fov 等。对每个街景采集点而言，width、height、pitch、fov 参数均可固定，不同采集点的不同角度只需确定 location、panoid 以及 heading 参数（表 4-2）。

表 4-2　百度全景静态图接口服务参数说明

参数名称	是否必需	默认值	描述
ak	是	无	用户的访问密钥。支持浏览器端和服务端 ak，网页应用推荐使用服务端 ak
mcode	否	无	安全码。若为 Android/IOS SDK 的 ak，该参数必需
width	否	400	图片宽度，范围为 [10,1024]
height	否	300	图片高度，范围为 [10,512]
location	是	无	全景位置点坐标。坐标格式为"lng<经度>,lat<纬度>"，如 116.313393,40.047783
coordtype	否	bd09ll	全景位置点坐标。坐标格式为"lng<经度>,lat<纬度>"，如 116.313393,40.047783
poiid	是	无	poi 的 id。该属性通常通过 place api 接口获取，poiid 与 panoid、location 一起设置全景的显示场景，优先级为 poiid>panoid>location。其中根据 poiid 获取的全景视角最佳
panoid	是	无	全景图 id。panoid 与 poiid、location 一起设置全景的显示场景，优先级为 poiid>panoid>location
heading	否	0	水平视角，范围为 [0,360]

（资料来源：百度地图开放平台）

4.2.2 街景图像数据采集

4.2.2.1 路网简化

本研究路网图片来源于OSM（open street map）开源地图网站。OSM数据具有精度高和数据完善的特点，相较于其他平台数据，免费且易于获得的优势使其适合作为路网数据的来源。因此，本研究选取"WGS 1984 UTM Zone 50N"投影坐标系作为统一的基底坐标。街道数据预处理过程包括以下四个步骤。

（1）道路选择，以主干道、次干道和支路作为主要研究对象。

（2）通过初始道路缓冲区分析，填补十字路口周围的空隙，并将其转为栅格文件。

（3）使用ArcScan提取道路中心线并细化道路（图4-8）。

（4）对简化后的道路进行增密处理，每隔200米建立一个采样点，研究区内共建立了13024个采样点（图4-9）。

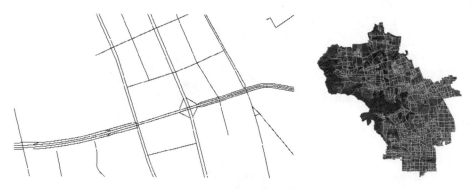

图4-8　路网简化处理示意图
（图片来源：作者自绘）

图4-9　研究区域街景采样点示意图
（注：1 mile ≈ 1.6 km。图片来源：作者自绘）

4.2.2.2 数据采集

街景数据主要包括百度街景、谷歌街景及腾讯街景，综合考虑可获得性、数据时间及数据覆盖程度，本研究以百度街景作为街景数据主要图片来源。本研究利用Python编程实现对北京市海淀区街景图片数据的采集，共获取45912张街景图像。百度全景静态图接口参数众多，主要包括width（图片宽度）、height（图片高度）、location（位置信息）、heading（方向角）、pitch（俯仰角）、fov（视野角）等。由于所需街景图像数量较多，本研究获取街景图像大小为600像素×400像素。结合人眼视域范围，本研究将俯仰角设置为20°，将水平范围设置为90°，分别获取0°、90°、180°和270°四个方向的街景图像，并将每个采样点的四个角度的街景图像拼接成一张全景图，共获得13024张全景图（图4-10）。

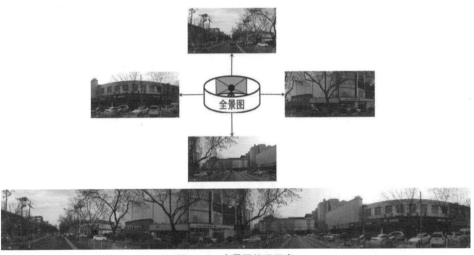

图4-10 全景图处理示意
（图片来源：作者自绘）

4.2.2.3 图像语义分割

随着深度学习技术在计算机视觉领域的快速发展，像素级的语义分割技术取得了巨大的进步。在众多语义分割方法中，全卷积神经网络（FCN）以其独特的优势脱颖而出。相较于其他常用的语义分割方法，如U-Net、SegNet、Deeplab、PSPNet等，FCN展现出独特的优势，它能够允许任意尺寸的图像输入，并在内存开销与计算效率等方面表现良好，为高效、精准地识别和提取街景图像组成要素提供了坚实的基础。

　　本研究的预测模型使用 GitHub 上开源的代码（https://github.com/CSAILVision/semantic-segmentation-pytorch），该模型是在 ADE20K 开放图像数据集基础上训练的 FCN 模型框架。该模型框架具有强大的图像识别能力，能够实现对图像中多达 150 类不同要素的识别。通过系统整理和归纳分割结果，我们能够提取出天空、道路、建筑、绿植、行人及机动车等关键街景要素（图 4-11）。

　　ADE20K 数据集由 MIT 于 2017 年发布。根据官方发布网站介绍，该数据集在场景感知、解析、分割、多物体识别和语义理解等多个领域具有广泛应用价值。ADE20K 数据集包含 150 个内容标签，这些标签涵盖了城市景观、自然景观及室内环境等多种场景中的常见元素（图 4-12）。

图 4-11　图像语义分割示意
（图片来源：作者自绘）

图 4-12　ADE20K 数据集部分展示
（图片来源：https://blog.csdn.net/OpenDataLab/article/details/125293382）

4.3 生活性街道空间视觉环境评价模型构建

在构建了以街景图像为基础的生活性街道空间视觉环境指标体系后，还需利用这些指标评价视觉环境。本研究以叶宇等人提出的专家评分与大规模机器学习相结合的方式为基础，构建生活性街道空间视觉环境的评分方法。该方法的评价数据集源自预先选取的专家评分样本，由专家对评价样本视觉环境进行比较与选择，得到的街景图像偏好数据将被作为构建机器学习预测模型的训练数据集，最终以训练完成的评价模型为基础实现大规模评价计算。

4.3.1 基于 TrueSkill 算法的评价模型

4.3.1.1 评价数据收集

（1）评价样本选择。

为确保样本图像的代表性和有效性，在选取过程中应综合考量街景图像样本的空间和数量分布情况。我们初步筛选了 600 张典型街景图像作为样本数据，从饱和度、明度与光线等方面对其进行校准调整，以减弱图像自身光环境的影响，确保后续分析的准确性和可靠性。本研究最终人工筛选出最具有北京市海淀区生活性街道空间特征的 500 张街景图像作为专家评分样本。

（2）专家评价原因。

为了客观准确反映各个维度视觉感知情况，本研究根据姚尧等的筛选标准，选取相关领域专家对街景图像进行评分。专家不仅具有较高的理论基础和专业素养，能够准确理解各项指标的基本含义，发掘出街道环境中的潜在问题，而且拥有丰富的设计实践经历，对街道中各类问题的感知更为敏锐，能够洞察街道中存在的根本性问题。本研究采用的专家打分法的结果的精度与稳定性取决于样本图像的数量以及每张图像的对比次数，而非参与评分的人数。因此，本研究最终邀请 30 位相关领域专家进行生活性街道空间视觉环境主观评分。

（3）评价标准和依据。

本研究从空间开放性、空间舒适性、空间安全性和空间丰富性四个维度选取了

10 个指标来描述生活性街道空间视觉环境。为使专家评分结果能更好地体现街道空间中与上述指标密切相关的问题，需要有针对性地确定打分过程中参考的标准和依据。因此，本研究参考龙瀛等人提出的评分标准，制定了如下评分标准（表 4-3）。每张街景图像感知评价都受到人的视觉感受、情感偏好及审美等诸多要素的影响，因此，专家评分时需要综合考虑评价标准中的各项因子，得出感知得分。

表 4-3　专家评分参考标准

评价维度	子项	内容
开放性	建筑体量	人的视觉注意力和压力，建筑体量适宜程度
舒适性	绿视率	视域中绿化比例和植物类型丰富性，自然要素形态、高度、轮廓等的组合情况
	天空开阔度	视觉环境开敞度，日照情况
安全性	步行交通	影响居民行走和驻足停留的因素
	车行空间	车行道路中的机动车占比
丰富性	线条复杂度	各类街景要素轮廓线条复杂程度
	形态破碎度	眺望远处时的视线受阻情况
	肌理丰富程度	视觉环境中材质、色彩、光影变化等的丰富程度

（资料来源：作者自绘）

4.3.1.2　TrueSkill 评价算法

（1）评价原理。

回归分析对数据准确度要求较高，且人类感知过程具有复杂性和不确定性，因此需要对人的主观感知数据进行有效采集和处理。微软的 TrueSkill 算法在对战类游戏的玩家匹配机制中广泛应用，是一种基于玩家对战结果评估玩家的能力水平的有效方法，将其应用于本研究能够更加真实地体现人们对视觉环境的主观感知与喜好。

叶宇等人将 Elo 算法应用于主观偏好数据的采集；Naik 等人使用 TrueSkill 算法将从众包数据集中获得的图像对比数据转换为排名数据，并将图像数据得分范围设置为 0~10。Elo 评价系统简单易用，但主要用于一对一型对抗结果，如果对抗形式是多人多组，或者更复杂的对抗形式，Elo 评价系统就显示出一定的局限性。以贝叶斯概率图模型进行组织建模，在给定了对比结果后给出评价对象能力的推断的 TrueSkill 算法更适合进行图像排名计算。在这个算法逻辑中，高分的图像更容易和高分的图像匹配在一起，低分的图像也更容易与低分的图像匹配在一起，故当高分的图像与低分的图像匹配在一起时，即使高分的图像获得胜利，也不会有太多扣分，也就是说，测试越往后进行，图像之间的竞争就会越激烈，获得的结果也会更加真实可靠。

因此，本研究采用 TrueSkill 算法，将图像排名数据转化为得分数据，以降低图像比对的次数并减少数据采集时间，最大限度体现主观层面海淀区生活性街道空间视觉环境感知偏好。

（2）评价界面搭建。

本研究使用 Python 编程语言编写了评价程序（图 4-13）。评价程序的打分操作较为简单，评分专家依据标题、指标定义及相应的评分标准，观察界面中展示的两张图像，若专家认为左侧图像展现的生活性街道空间视觉环境优于右侧图像，则点击左侧图像。在得到了专家对北京市海淀区生活性街道空间视觉环境的感知评价数据后，后台会通过 TrueSkill 算法将图像排名数据转化为 0~1 的分数。

图 4-13　生活性街道空间视觉环境评分程序界面
（图片来源：作者自绘）

4.3.2　机器学习模型构建与比较

由于街景图片数量较多，全部进行人工比对耗时费力，在实际操作中可行性较低。因此，本研究运用机器学习算法，选用随机森林和 XGBoost 两种算法构建拟合模型实现回归预测，并对比模型结果，选取拟合效果最佳的算法支持后续深入分析，以确保研究的准确性和可靠性。

4.3.2.1　模型选择

（1）随机森林模型。

随机森林（random forests, RF）是一种基于集成学习思想的强大机器学习算法，它通过构建多棵决策树，并结合这些树的预测结果来完成分类和回归任务（图 4-14）。

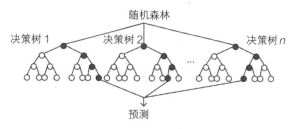

图 4-14　随机森林示意图
（图片来源：作者自绘）

这种算法的核心在于其随机性。通过 bootstrap 重抽样技术，随机森林算法能够生成多个不同的数据集，并在每个数据集上构建决策树，从而增加模型的健壮性（robust）和预测准确性。由于其出色的应用效果和强大的泛化能力，随机森林算法在多个领域得到了广泛应用，成为监督学习中的一种重要算法。无论是处理复杂的分类问题还是进行精确的回归分析，随机森林算法都能展现其独特的优势。这种集成学习的策略使随机森林算法在处理复杂问题时表现出色。在构造随机森林模型时，必须采用同一种方法构造若干棵树，其中包括信息增加算法（information gain）、Gini 算法等。在随机森林模型中，当有新的待辨识目标出现时，所有树都将按照该目标的属性进行分类，而随机森林模型则会选择得分最多的一种，作为整片森林的分类结果。随机森林重要性指数计算需要先构建决策树，本研究中使用的为 CART 节点分裂算法，涉及如下计算。

第 i 棵树节点 q 的 Gini 指数的计算公式为

$$\text{Gini}^{(i)}{}_q = \sum_{c=1}^{|c|} \sum_{c' \neq c} P^{(i)}{}_{qc} \, P^{(i)}{}_{qc'} = 1 - \sum_{c=1}^{|c|} \left(P^{(i)}{}_{qc} \right)^2 \tag{4-12}$$

式中：c 为总分类类别，P_{qc} 为节点 q 中类别 c 的出现概率。

计算每个划分的 Gini 系数的公式为

$$\text{Gini}^{(i)}{}_q{}^{(\text{split})} = \text{Gini}^{(i)}{}_{q\text{left}} + \text{Gini}^{(i)}{}_{q\text{right}} \tag{4-13}$$

（2）XGBoost 模型。

XGBoost（extreme gradient boosting，极限梯度提升树）是一种由陈天奇等人于 2016 年提出的典型 Boosting 集成学习算法，它基于 GBDT 发展而来，因更精确、更灵活、更好的正则化特性而在深度学习领域得到广泛应用。本研究采用 XGBoost 模型，通过多次迭代构造一系列回归树，旨在获得最优的回归树，并以此为优化目标，使目标损失函数最小（图 4-15）。XGBoost 的数学模型如下。

假设 $D_1=\{(x_i,y_i)\}$ 是由 n 个样本和 m 个特征值组成的数据集。附加函数 z 被集合树模型用来近似系统响应，如下：

$$\hat{y}_i = \varphi(x_i) = \sum_{z=1}^{z} f_z(x_i), f_z \in F \tag{4-14}$$

式中：F 为包含 z 棵树的函数空间，被定义为

$$F=\{f(x) = \omega_{q(x)}\}(q: R^m \to \omega \in R^T) \tag{4-15}$$

式中：q 为树的结构；T 为叶子个数；ω 为叶子的权重；$\omega_{q(x)}$ 为叶子节点 q 的分数；$f(x)$ 为某一独立树。

$f(z)$ 是与 q、ω 和独立树相关的函数。

为了优化集合树预测性能，定义 XGBoost 的目标函数为

$$\begin{aligned} \partial(\theta) &= L(y,\hat{y}) + \Omega(\theta) \\ &= \frac{1}{2}\sum_{i=1}^{n}(y_i-\hat{y}_i)^2 + \gamma T + \frac{1}{2}\sum_{j=1}^{T}\omega_j^2 \\ &= \frac{1}{2}\sum_{i=1}^{n}\left[y_i-\sum_{k=1}^{T}f_k(x_i)\right]^2 + \gamma T + \sum_{j=1}^{T}\omega_j^2 \end{aligned} \tag{4-16}$$

式中：L 为显示预测误差的凸型损失函数；y_i 为真实值；k 为误差最小化过程的迭代次数。

XGBoost 模型示意图如图 4-15 所示。

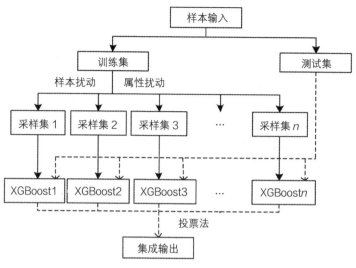

图 4-15　XGBoost 模型示意图
（图片来源：作者自绘）

4.3.2.2　评价标准

损失函数是优化模型性能的关键指标，被用来衡量模型预测结果与真实数据的偏离程度，在构建机器学习模型中至关重要。本研究建模的目的是尽可能准确地反映行人对生活性街道空间视觉环境的感知评价，当模型的预测值和真实值偏离程度最小时，模型的效果最佳。由于样本数据存在异常点，均方误差（MSE）会给异常点更大的惩罚，导致其他样本误差损失，使整体模型性能下降。平均绝对误差（MAE）是计算目标值和预测值之差的绝对值之和的指标，具有更高的稳定性。平均绝对误差也是回归模型的一个常用指标，是一种用于衡量预测值与实际值之间误差大小的度量方式。MAE 计算每个预测值与其对应的实际值之间的绝对差，并对所有这些差取平均值。较低的 MAE 表明预测值更准确。MAE 和 MSE 的计算公式如下：

$$MAE = \frac{1}{n} \sum_{i=1}^{n} \mid y_i - y_i{'} \mid \tag{4-17}$$

$$MSE = \frac{1}{n} \sum_{i=1}^{n} (y_i - y_i{'})^2 \tag{4-18}$$

在运用机器学习方法解决相关问题时，通常将数据划分为训练集和测试集两个样本。本研究在构建每个模型时，以上述 500 个样本点作为训练样本。通过对比随机森林模型和 XGBoost 模型的 MAE 和 MSE 拟合优度可以发现，在相同的迭代次数下，随机森林模型的拟合效果更佳（表 4-4）。因此，为了获得更准确的预测结果和进行深入的解释性分析，本研究选择随机森林模型作为后续研究的基准模型，预测得出海淀区 13000 张街景图像视觉环境评价分数。

表 4-4　随机森林模型和 XGBoost 模型拟合结果比较

评估指标	随机森林模型	XGBoost 模型
MAE	0.043	0.095
MSE	0.011	0.016

（资料来源：作者自绘）

采用随机森林算法对 10 项评价指标和对应的专家打分结果进行训练，从中抽取 70% 的样本作为训练样本输入，剩余 30% 的样本作为测试数据样本。整体模型结果的 R^2 为 0.713，MSE 为 0.011，MAE 为 0.043，整体模型结果优于前人关于模拟街道主观感知的模型，证明了模型的有效性。最后，将最佳性能的评价模型进行大规模计算，得出海淀区 13024 张街景图像视觉环境评价分数（图 4-16）。

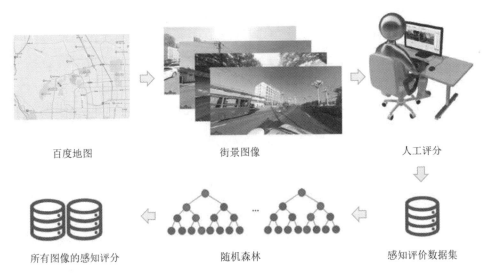

百度地图　　　　　街景图像　　　　　人工评分

所有图像的感知评分　　　　随机森林　　　　感知评价数据集

图 4-16　街景图像感知评分流程
（图片来源：作者自绘）

4.3.3 视觉环境影响因素分析

本研究使用多元线性回归模型，探究生活性街道空间视觉环境对行人视觉感知的影响机制。为保证结果的可信度，本研究进行全局与分片区的多要素相关性验证。当某一空间要素的 P 小于 0.05 时，证明单个要素通过了 T 检验（显著性检验），对因变量的解释性很强，是显著影响因素。本研究同时考虑进行全局与分片区的 F 检验，验证相应的整体回归方程显著性，判断不同指标对整体的影响（表 4-5）。

表 4-5 多元线性回归模型变量表

变量名称	要素类型		具体参数	计算方法
因变量	主观感知得分		基于 TrueSkill 算法评价	随机森林
自变量	开放性	建筑围合度	$x=$ 建筑在街景图像中像素点的比例	FCN 计算
	舒适性	天空开敞度	$x=$ 人眼可见图景中天空占的比例	FCN 计算
		绿视率	$x=$ 人眼可见图景中绿化占的比例	FCN 计算
	安全性	行人出现率	$x=$ 行人在街景图像中像素点的比例	FCN 计算
		机动车出现率	$x=$ 机动车在街景图像中像素点的比例	FCN 计算
		车道占比	$x=$ 机动车道在街景图像中像素点的比例	FCN 计算
		人行道占比	$x=$ 人行道在街景图像中像素点的比例	FCN 计算
	丰富性	建筑外部形状指数	$x=$ 建筑周长 / 等面积圆的周长	OpenCV
		计盒维数	$x=$ 街景图轮廓线复杂程度	FracLab
		二维熵	基于二元组 (i, j) 计算信息熵	Matlab

（资料来源：作者自绘）

4.4 本章小结

本章构建了生活性街道空间视觉环境评价方法：①选取生活性街道空间视觉环境评价指标；②介绍街景图像采集及处理方法，构建街景图像数据库；③邀请专家进行街景图像评分，进而使用随机森林算法进行大规模感知预测，构建评价模型，将主观感知数据与客观评价指标相联系；④通过多元线性回归模型探究生活性街道空间视觉环境影响因素。

5

生活性街道空间视觉环境评价

本章进行生活性街道空间视觉环境评价，首先针对北京市海淀区 735 条生活性街道的区域基本概况、空间发展现状进行阐述，然后从生活性街道空间视觉环境感知得分空间分布特征和指标空间分布特征两个方面进行量化及可视化分析，通过多元线性回归模型探究视觉环境影响因素，最后选取典型案例街道进行生活性街道空间视觉环境构成差异分析，对典型案例街道特征进行总结。

5.1　研究区域概况

5.1.1　区域基本概况

5.1.1.1　选取依据

本研究选取北京市海淀区 735 条生活性街道，进行视觉环境评价，主要有以下三方面的考量。

（1）具有代表性。

北京市海淀区是北京市的中心城区之一，在交通基础设施建设方面投入较大，持续推动路网建设的完善，在道路建设方面具有代表性，能够反映城市道路现状与发展水平。同时，作为首都的重要区域，海淀区生活性街道空间环境一直受到政府和社会各界的密切关注，以其为案例开展研究具有一定的现实意义和应用价值。

（2）具有差异性。

从生活性街道内涵与特征层面出发，海淀区生活性街道呈现多元化的特征。该区域涵盖了不同类型的生活性街道，包括有历史文化积淀的传统胡同、有现代都市活力的城市街道、富有生活气息的居住区的生活小巷等，为优化生活性街道空间视觉环境提供了丰富的样本。

（3）具有可获得性。

百度街景是重要的图片来源，其覆盖范围和图像质量直接影响研究样本的多样性和数据的充足性。在选取研究区域时，应充分考虑百度街景的覆盖情况，确保所选街道被百度街景覆盖。海淀区道路建设完善，街景图像资源丰富，为视觉环境评价提供了充足的数据。

5.1.1.2 区位优势

作为中国的首都，北京市具有深厚的历史文化底蕴和丰富的城市景观资源。位于北京市区西北部的海淀区，是北京市的科技、教育和文化中心之一，街道空间形态多样，承载着丰富的社会、文化和经济活动，在创造宜居的街道空间环境方面具有良好的基础（图 5-1）。本研究以北京市海淀区为研究范围，包括 22 个街道、7 个镇（地区办事处），570 个社区、84 个行政村，总面积为 430.8 平方千米，约占北京市总面积的 2.6%（图 5-2）。

图 5-1 海淀区区位图
（图片来源：https://zyk.bjhd.gov.cn/kjhd/hdgk/202206/t20220613_4530232.shtml）

图 5-2 海淀区行政区划
（图片来源：作者自绘）

5.1.2　街道空间发展现状

5.1.2.1　道路网络建设较为完善

本研究从 OSM 开源数据平台获取路网数据，借助 ArcGIS 软件对北京市海淀区街道路网数据进行了初步处理，具体包括有道路名称的 2421 条街道路段和无道路名称的 1255 条街道路段（图 5-3）。为确保道路数据的准确性，本研究以百度地图为依据进行比对，对路网数据进行了全面整合。本研究对路网数据进行了拓扑处理，排除了行人无法通行的道路（如城市高架桥、隧道等），以及街景覆盖范围外的部分道路，最终筛选得到街道 735 条，其中主干道 121 条、次干道 325 条、支路 289 条，以筛选后的路网数据作为基础路网（图 5-4）。

图 5-3　海淀区矢量路网
（图片来源：作者自绘）

通过分析海淀区道路等级的空间分布特征，我们可以得知该区已建成较为完善的道路网络体系，以主干道为基础，有效地将不同功能片区连接成一个紧密高效的网络体系，为交通通行提供了有力支撑。五环内及清河、上地、永丰、翠湖四大建设板块内部支路网络布局相对密集，显著提升了整体道路网络通达性。西边和北边部分地区道路类型以支路为主，具备综合性服务与交通集散功能的次干道数量较少。

图 5-4　海淀区街道道路等级空间分布情况
（图片来源：作者自绘）

5.1.2.2　路网密度东南高、西北低

为探究路网空间分布特征，采用 1 km×1 km 网对研究范围进行路网密度分析（图 5-5 和表 5-1）。综合分析其整体空间分布，五环内及清河、上地、永丰、翠湖四大建设板块路网密度明显高于北部、西部的部分地区。其中，海淀街道、中关村街道及北太平庄街道的路网密度相对较高，上庄镇、苏家坨镇及香山街道路网密度较低。路网密度较低的街道大多位于海淀区西北部，靠近山区，拥有丰富的景观资源、风景区、自然保护区较多，城市发展相对滞后。

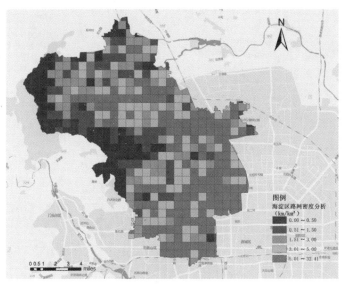

图 5-5 海淀区路网密度分析图

（图片来源：作者自绘）

表 5-1 海淀区辖区内各街道路网情况统计表

名称	用地面积 / km²	道路长度 / km	路网密度 /（km/km²）
海淀街道	6.80	68.98	10.14
中关村街道	5.29	43.34	8.19
北太平庄街道	5.42	44.23	8.16
北下关街道	6.05	44.64	7.38
花园路街道	6.33	46.64	7.37
曙光街道	5.45	40.15	7.37
上地街道	9.61	69.28	7.21
万寿路街道	8.87	61.50	6.93
羊坊店街道	6.54	44.22	6.76
八里庄街道	6.49	40.34	6.22
马连洼街道	10.74	63.34	5.90
紫竹院街道	6.24	36.30	5.82
学院路街道	8.51	48.38	5.69
清河街道	9.37	51.91	5.54
田村路街道	7.57	41.89	5.53
甘家口街道	6.50	33.60	5.17
东升镇	8.14	34.48	4.24
西三旗街道	8.57	34.88	4.07

名称	用地面积 / km²	道路长度 / km	路网密度 /（km/km²）
西北旺镇	50.88	202.79	3.99
海淀镇	4.82	18.63	3.87
四季青镇	40.76	151.18	3.71
清华园街道	3.52	12.01	3.41
燕园街道	2.10	6.87	3.27
温泉镇	33.07	91.15	2.76
青龙桥街道	18.77	51.61	2.75
永定路街道	1.55	3.78	2.44
上庄镇	38.35	91.72	2.39
苏家坨镇	84.46	171.06	2.03
香山街道	20.24	12.73	0.63

（资料来源：作者自绘）

注：只统计主干道、次干道、支路。

5.1.2.3 道路网络呈现多样化特征

海淀区的空间发展区域差异显著，街道网络呈现多样化特征。以自然山地为分界线，海淀区在空间发展上可分为山前、山后两大主要空间区域。山前地区是北京中心城区的重要组成部分，承载着海淀区大部分的城市建设和活动，产业发展已相当成熟，形成了多元化的产业结构。山后地区是北京近郊区，发展相对缓慢，仍保留着大面积的农村用地和村庄集镇，以农业和旅游业为主导产业，尚处于产业发展初级阶段。

5.2 生活性街道空间视觉环境得分空间分布特征

5.2.1 视觉环境主观感知评价

本研究所指的生活性街道空间视觉环境得分综合开放性、舒适性、安全性和丰富性四个方面，将视觉环境感知综合得分进行归一化处理，并从街道和空间分布两个维度分别进行可视化分析。

5.2.1.1 各街道视觉环境得分分布较为均衡

海淀区生活性街道视觉环境得分整体较好，空间分布较为均衡。为全面反映街道空间视觉环境整体得分情况，本研究对街道上各采样点数值进行平均化处理，从而得到每条街道整体得分情况。本研究通过 ArcGIS 的空间连接功能，将 13024 个采样点连接到原街道，计算每条街道所有采样点的平均值，得出各街道的视觉环境感知得分（图 5-6）。海淀区街道空间视觉环境感知得分均值为 0.52，处于 0.55~0.69 分区间的所占比例较大，达到 34.93%，而处于 0~0.19 分区间的所占比例较小，占比为 5.47%。其中，苏州街、知春路、双清路、成府路及软件园 2 号路等部分街道的视觉环境感知得分较高，白家疃竖一街、三虎桥北路、文慧园西路等部分街道的视觉环境感知得分较低。高分街道道路等级相对较高，道路两侧以科研院校及产业园区为主；低分街道道路等级相对较低，道路两侧以村庄及老旧小区为主，存在建筑界面乏味、色彩单一、功能缺失等问题。此外，部分街道狭窄，人车混杂，也是造成视觉环境得分不高的原因。

5.2.1.2 视觉环境得分空间分布中部高、南北低

从空间分布（图 5-7）来看，海淀区范围内生活性街道空间视觉环境感知高值集中在海淀区中部和北部部分地区，整体呈现中部高、南北低的特点。上地和清河地区多为科技园区、商务中心；北部地区以景观道路为主，绿化较为丰富，风景优美；南五环内部分地区，车流量、人流量较大，老旧小区道路较窄且两侧存在占道停车现象，易使行人产生不安全感，因此部分街道视觉环境感知得分较低。

5.2.2 视觉环境得分空间自相关分析

由于研究方法的局限性，过去对街道空间视觉环境评价的研究多集中于小范围研究区域内。大规模测度街道空间视觉环境及空间分布规律对城市规划和城市管理有重要意义。空间自相关模型能够评估一个地点与其他邻近地点之间点数据可能存在的相互依存关系，从而对空间数据进行更有效的统计分析，并探究不同要素间的关联性，有利于管理者采取具体措施优化街道空间环境。

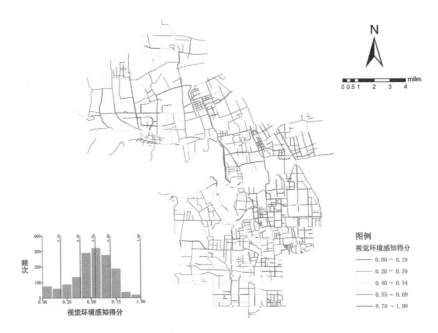

图 5-6　生活性街道空间视觉环境感知得分可视化

（图片来源：作者自绘）

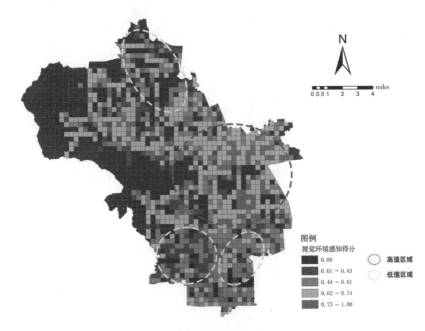

图 5-7　视觉环境感知得分空间分布特征

（图片来源：作者自绘）

5.2.2.1 视觉环境得分存在显著空间聚集

利用 ArcGIS 的空间自相关功能可以进行空间自相关分析。在进行空间自相关分析时，为最大限度适应城市街道环境，选择曼哈顿距离法作为"距离法"选项，在标准化方面，选择 ROW，用相邻元素的权重之和来进行归一化，从而减少潜在的误差，保证 Moran's I 的绝对值小于 1，便于结果判断。

由全局空间自相关分析可知，Moran's I 为 0.572677、Z 得分为 75.947412（P 值小于 0.01），有 99% 的把握认为街道空间视觉环境得分存在空间自相关，且街道空间视觉环境得分存在显著空间聚集（图 5-8）。

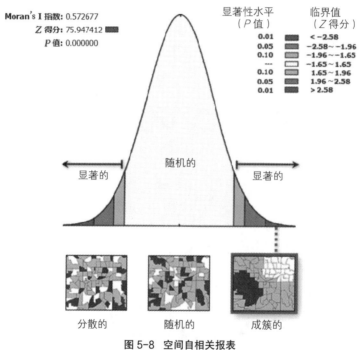

图 5-8 空间自相关报表
（图片来源：作者自绘）

5.2.2.2 视觉环境得分空间聚类分布特征

本研究使用局部空间自相关对生活性街道空间视觉环境得分进行空间聚类，探讨其空间分布模式。图 5-9 直观地显示了海淀区生活性街道空间视觉环境得分的局部空间自相关分析结果，将空间自相关不显著的街景采样点排除，空间聚类关系的点可以划分为高 - 高、高 - 低、低 - 高、低 - 低四类。

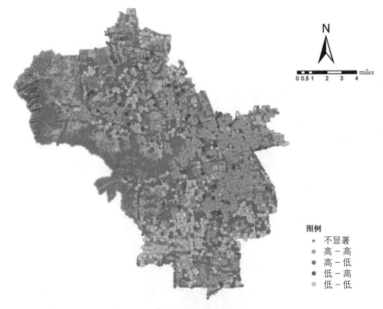

图 5-9　局部空间自相关分析
（图片来源：作者自绘）

高 - 高聚类视觉感知点主要集中在中关村大街、知春路沿线，上地软件园、东升科技园地区，永丰、稻香湖路地铁站周边。该地区为海淀区重点功能区，是海淀区较为发达的地区，道路较为宽敞，建筑类型多样且丰富。低 - 低聚类视觉感知点主要集中于南五环内部分街道和北边部分村庄区域。该地区主要为居住区，以老旧社区和村庄为主体，建筑类型较为单一，街道空间较为狭窄，且缺乏足够的绿化空间，难以满足居民日常需求。

高 - 低聚类和低 - 高聚类分布相对零散，在海淀区各个区域均有分布。其中，西边和北边以自然风景优美的山区为主，以居民日常休闲为主，但过高的绿视率及空旷的街道易使行人不安；南五环内部分街景点的建筑类型较为多样，但大量行人聚集及机动车的出现，使视觉环境感知得分较低。

5.2.3　街区综合感知分布特征

本研究通过叠加处理每个街道行政区划内的城市综合感知得分，并将其映射到地图中，实现对各行政区的综合感知状况进行全面系统评价（图 5-10）。海淀区生活

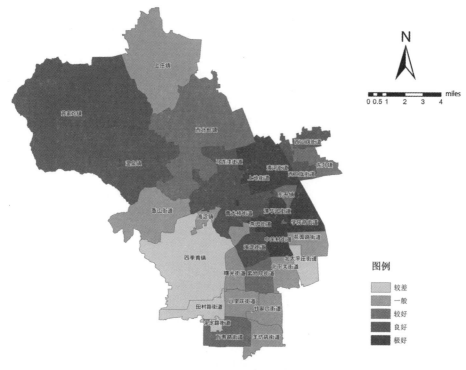

图 5-10　海淀区街区综合感知空间分布情况

（图片来源：作者自绘）

性街道空间视觉环境整体感知状况较好。在空间分布上，积极感知空间与消极感知空间均呈现聚集趋势，高综合感知评价空间主要集中于四环内及上地、清河区域，低综合感知评价空间主要分布于海淀区西南边。

感知得分高代表该街道视觉环境感知状况较好，感知得分低代表该街道视觉环境感知状况较差。在综合感知评价中，有 6 个区域表现极好，分别是清华园街道、燕园街道、学院路街道、清河街道、上地街道、中关村街道；有 6 个综合感知评价良好的区域，分别为西三旗街道、海淀街道、青龙桥街道、温泉镇、马连洼街道、苏家坨镇；有 4 个综合感知评价较好的区域，分别为东升镇、万寿路街道、紫竹院街道、西北旺镇；香山街道、花园路街道、上庄镇、八里庄街道、曙光街道、北下关街道、甘家口街道、羊坊店街道、海淀镇的综合感知评价一般；田村路街道、四季青镇、北太平庄街道和永定路街道感知评价较差。

结合街景图像可知，高感知评价空间以科技园区和科研院校为主，建筑界面丰富，环境较好，视觉环境感知得分较高；低感知评价空间人口密度较高，建筑相对老旧，街道绿视率较低，视觉环境感知欠佳，公平性亟待提高。

5.3　生活性街道空间视觉环境指标空间分布特征

5.3.1　在开放性方面，整体视域空间较为开阔

在生活性街道空间中，建筑界面围合度会直接影响行人的空间感受。围合度过高，会激发行人焦虑与不安的情绪；围合度过低，会减弱空间的封闭感和边界感，降低行人停留意愿。此外，建筑界面围合度的最佳取值因街道功能类型不同而存在差异。

（1）建筑界面围合度较低，数值呈现双峰波动。

单一街景采样点数值能够较准确地反映某一特定区域内的街道状况，却难以全面展现街道的整体情况。为准确地反映街道的整体状况，本研究采用计算街道所有采样点平均值的方法。本研究通过 ArcGIS 的空间连接功能，将 13024 个采样点与对应街道相关联，以采样点的平均值作为该条街道的建筑界面围合度。由图5-11 可知，海淀区生活性街道空间建筑界面围合度整体偏低，均值仅为 0.17。街道建筑界面围合度呈现双峰波动的特征，处于 0.08~0.16 区间的所占比例较大，达到26.62%；处于 0.37~0.60 区间的所占比例较小，占比为 8.31%。其中，建筑界面围合度均高于 50% 的街道大多为城市支路，如皇亭子弯巷、潘庄东路、魏公街、羊坊店东路等，道路较窄，两侧以居住区为主。黑泉路、苏家坨东路、温阳路等部分街道的建筑界面围合度低于 7%，多位于五环外，道路两侧以绿化为主。

（2）建筑界面围合度空间分布呈现南高北低的特点。

从空间分布（图 5-12）来看，海淀区生活性街道空间建筑界面围合度高值区域主要集中于五环内的中关村街道、北下关街道和紫竹院街道，以及北边的清河街道和上地街道，其余高值地区呈零星分布。这些地方以科技园区、商务中心及老旧小区为主。高密度的建筑群使行人视域中的建筑比例增大，创造出更强烈的围合感。海淀区

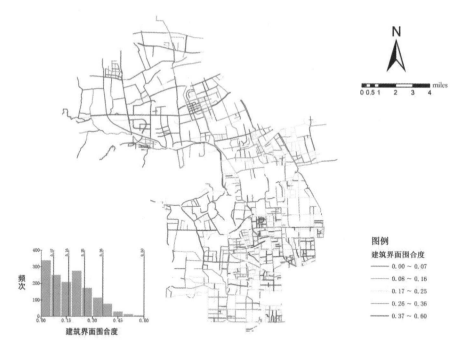

图 5-11　街道建筑界面围合度可视化

（图片来源：作者自绘）

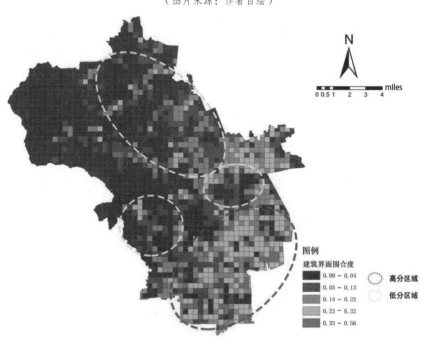

图 5-12　建筑界面围合度空间分布特征

（图片来源：作者自绘）

西边和北边多为生态控制区，四季青和上庄区域为低密度开发区，建筑密度较低。三山五园地区分布着大量的景区、广场及公园等开放空间，建筑界面围合度也处于较低水平。

总体而言，海淀区建筑界面围合度整体较低且区位差异显著，南边五环内建筑界面围合度整体较高，而西边、北边建筑界面围合度较低。

5.3.2 在舒适性方面，自然要素占比较为适中

5.3.2.1 天空开阔度较为适中，分布较为均衡

天空是街道空间的视觉背景，与街道两侧建筑和绿化相呼应，丰富了生活性街道空间的视觉层次。随着城镇化进程的快速推进，城市街道空间的天空开阔度逐渐受到压缩。适宜的天空开阔度能够创造良好的视觉效果和通风环境，为行人带来良好的生理和心理体验，使行人感到放松、愉悦，减少空气污染物并缓解城市热岛效应。

（1）天空开阔度较为适中，数值呈现单峰波动。

海淀区生活性街道天空开阔度较为适中，数值呈现单峰波动，样本总体分布较为均衡（图5-13）。天空开阔度均值为0.20，即行人视野中天空占比为20%。从天空开阔度的不同水平来看，在0.18~0.24区间的占比最大，达到28.85%；在0.11~0.17和0.25~0.32区间的占比次之，占比为24.32%；在0.33~0.45区间的占比最少，仅为10.14%。天空开阔度较高的道路等级也较高，如玉河路、杏石口路、小营西路等均为城市主干道和次干道。长智路、极乐寺西街、小关西后街等部分街道道路较窄，绿化较为丰富，天空开阔度较低。

（2）天空开阔度空间分布较为均衡。

从空间分布（图5-14）来看，海淀区天空开阔度整体分布较为均衡。其中，街道空间天空开阔度高值集中于北边的上庄镇和西北旺镇，该地区多为产业园区等新建区域，视野较为开阔。三山五园地区周边以自然景观为主，街道呈现较低的建筑密度和较高的天空开阔度。居住区周边的高绿视率的街道的天空开阔度呈现较低的特点。Ng W Y等人的研究指出，天空开敞程度受街道两侧行道树影响，行道树具有一定的遮挡作用，降低了天空开阔度，与本研究的结果一致。

总体而言，海淀区生活性街道整体天空开阔度较为适中且分布相对均衡，内部各

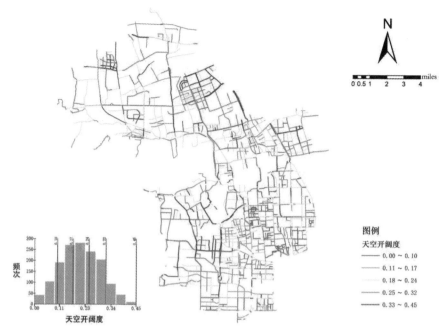

图 5-13　街道天空开阔度可视化
（图片来源：作者自绘）

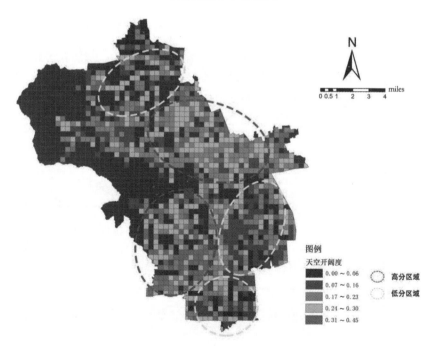

图 5-14　街道天空开阔度空间分布特征
（图片来源：作者自绘）

个区域的差异性较为显著，这与道路等级、建筑物遮挡情况及绿化种植状况密切相关。

5.3.2.2 绿视率较低，呈现北高南低的特点

绿视率是衡量街道空间中使用者对绿化实际感知状况的重要指标，相关学者将绿视率达到25%的街道视为迷人的街道。绿视率对于评价生活性街道空间视觉环境具有重要意义。

（1）绿视率较低，区位差异显著。

海淀区生活性街道绿视率较低，均值仅为0.17，区位差异显著。由街道绿视率统计趋势图（图5-15）可知，街道绿视率整体呈幂函数下降。绿视率低于0.17的占比达到61.75%；处于0.18~0.27和0.28~0.41区间的占比次之，占比分别为18.51%和11.82%；处于0.42~0.72区间的占比最少，占比为7.84%。西北边的沙阳路、文松路、温北路等部分街道绿视率较高，东南边的善缘街、知春路、西四环北路等部分街道绿视率较低。

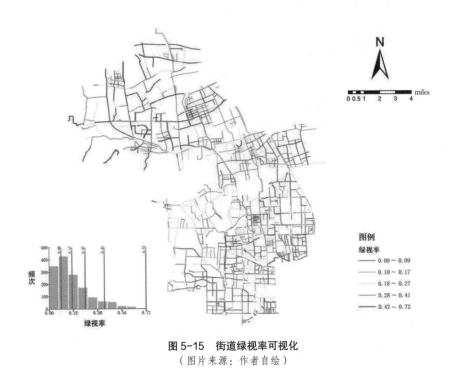

图5-15 街道绿视率可视化
（图片来源：作者自绘）

（2）海淀区绿视率呈现北高南低的特点。

从空间分布（图5-16）来看，海淀区生活性街道绿视率的空间分布具有明显的空间异质性，北部绿视率较高，南部绿视率较低。绿视率空间分布不平衡使该区域居民在绿色感知上存在差异，并进一步影响了居民生活质量和身心健康。在建筑界面围合度较高的区域，高密度的建筑群和狭窄的街道空间使绿化用地的布局受到限制，导致绿视率相对较低。为改善海淀区整体绿化水平，可以采用垂直绿化等方式，充分利用空间资源，增加绿化面积。总体而言，海淀区生活性街道空间整体绿化水平较低，内部各分区的差异性较大，整体呈现北高南低的特点。

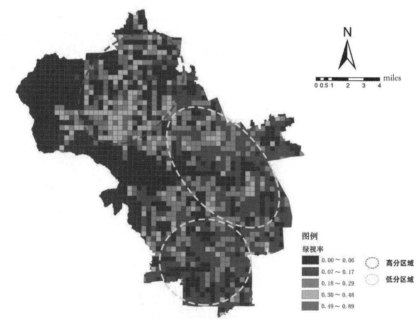

图5-16　绿视率空间分布特征
（图片来源：作者自绘）

5.3.3　在安全性方面，视域空间安全感有待提升

5.3.3.1　机动车道占比较高，分布较为均衡

（1）机动车道占比整体较高，呈现单峰波动。

海淀区生活性街道视域空间机动车道占比整体较高，样本数值呈现单峰波动。大多数街道机动车道占比位于平均区间，即第二、三、四区间（0.17~0.35）；处于

0~0.16区间的占比最少，占比仅为9.39%（图5-17）。其中，北清路、温阳路、白家疃路等部分街道机动车道占比较高，结合全景地图分析可知，这些街道的道路等级较高，且道路两侧较为开阔。相对而言，南五环内部分街道，如彰化南路、双榆树北一街等，车流量较大，视野中机动车道占比较低。

（2）机动车道占比空间分布较为均衡。

从空间分布（图5-18）来看，海淀区城市街道空间机动车道占比较高，且空间分布较为均衡。机动车道占比在长安街、中关村大街周边存在相对高值集聚区。长安街道路等级较高，道路较开阔，视野中机动车道占比较高；中关村大街处于中关村商圈，人流和车流量较大，因此其道路设计相对宽敞，进而在小范围内形成了显著的道路面积高值集聚现象。海淀区其他区域的机动车道占比分布呈现较为均衡的特点，尚未形成明显的高值集聚区。从整体来看，北京市海淀区生活性街道视域中机动车道占比较高，空间分布相对均衡，在车辆通行需求较大的靠近城市中心区域，道路面积也相对宽阔，以确保交通的畅通和安全。

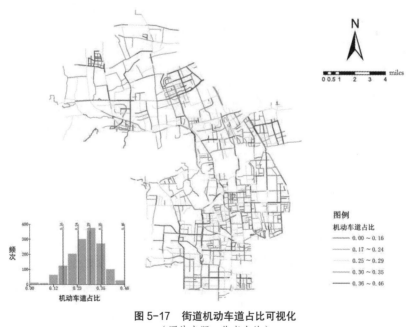

图 5-17　街道机动车道占比可视化
（图片来源：作者自绘）

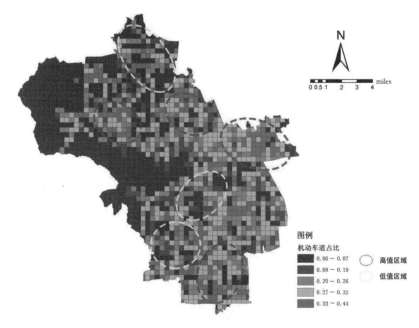

图 5-18　机动车道占比空间分布特征
（图片来源：作者自绘）

5.3.3.2　人行道占比较低，集中分布在城市建成区

（1）人行道占比较低，呈现幂函数下降。

本研究以街道为单位对人行道占比进行了统计（图 5-19），结果表明人行道占比呈现断崖式下降，即街道人行道占比处于较低水平。人行道占比处于一、二、三区间（0~0.08）的街景点数量达到90%，处于0.09~0.16区间的占比8.38%，处于0.17~0.31区间的占比仅为0.95%。其中，传习路、小关西后街、林园路等部分街道视野中人行道占比较高。结合全景地图分析可知，尽管这些街道的道路等级较低，街道较为狭窄，但这些街道界面呈现出较高的连续性和适宜的界面围合度，街道空间绿视率较高、机动车通行率较低，能够为行人提供良好的步行体验。海淀区大多数生活性街道中人行道占比较低，空间分配不均衡，人车流线混杂，影响行人的步行体验。

（2）人行道占比较高区域主要集中于城市建成区。

从空间分布（图 5-20）来看，视域范围内人行道占比整体较低。人行道占比较高区域主要集中于城市建成区，城市中心与外围区域存在显著差异。高值区多集中在

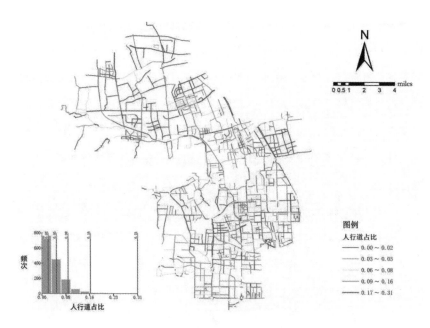

图 5-19　街道人行道占比可视化

（图片来源：作者自绘）

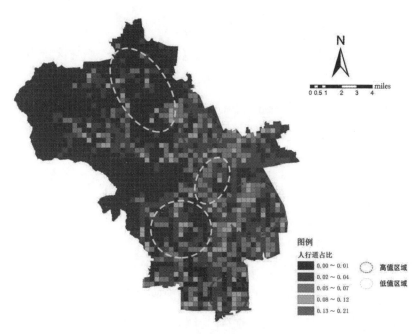

图 5-20　人行道占比空间分布特征

（图片来源：作者自绘）

五环内，长安街、知春路沿线。因此，在进行街道设计时，设计师应全面考虑车行交通和人行交通的协调与平衡，为行人打造高品质的步行环境，充分满足行人步行过程中的空间需求。五环外大多数街道都处于路面可行性较低的区域，其中上地 - 软件园地区人行道占比相对较高，其服务人群众多且以步行为居民日常出行的主要交通方式，因此该区域步行空间相对开阔。总体而言，海淀区在营造步行空间方面还存在诸多不足，五环内外人行道占比差异显著，五环内人行道占比较高，步行空间相对充足，能够满足步行需求。

5.3.3.3 机动化程度较高，呈现南高北低的特点

当前，城市街道空间的通行方式以机动车通行为主导，且街道建设优先考虑机动车需求，在一定程度上制约了慢行交通的发展。为满足人们高效和环保出行的多样化需求，街道空间中的机动车流量与慢行系统的完善应维持一种动态且适度的平衡状态。测度海淀区生活性街道空间机动车出现率，能够全面认识街道空间交通状况，为改善街道空间环境提供科学依据。

（1）机动化程度较高，数值分布较为集中。

由图 5-21 可知，海淀区生活性街道机动车出现率较低，均值为 0.04。数值分布较为集中，大多数街道机动车出现率处于较低区间，处于一、二、三区间（0~0.08）的占比达到 85.34%，处于 0.09~0.13 区间的占比为 10.81%，处于 0.14~0.38 区间的占比为 3.85%。机动车出现率较高的街道，如西小口路、清河中街、北四环西路等，主要分为以下两种：道路等级较高，车流量较大；道路等级较低，道路两侧停车较多。

（2）海淀区街道机动车出现率呈现中部高、南北低的特点。

从空间分布（图 5-22）来看，海淀区街道机动车出现率高值主要集中于软件园、新都和中关村地区，呈现中部高、南北低的特点。由此可见，海淀区中部生活性街道空间的机动车出现率较高，导致交通拥堵状况严重，加重了道路交通负担。南边和北边的街道机动车出现率较低，道路通行更为流畅，行人具有更高的安全感。由街景图像可知，视域中的部分机动车为道路两侧的泊车。无序停放的车辆会对动态交通产生不利影响，阻碍车辆的正常通行，因此应重视无序泊车问题。

5.3.3.4 行人出现率较低，集中分布在五环内

生活性街道空间视觉环境与行人出现率密切相关。清晰、有序、美观的街道空

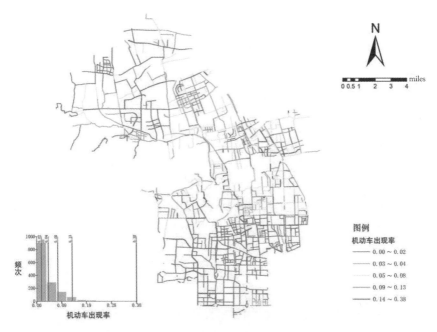

图 5-21　机动车出现率可视化

（图片来源：作者自绘）

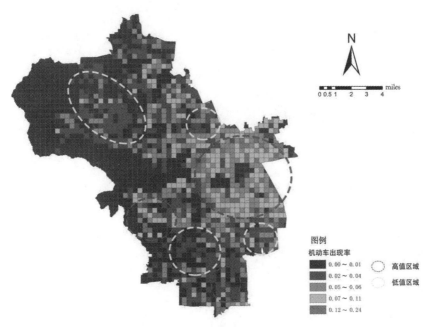

图 5-22　机动车出现率空间分布特征

（图片来源：作者自绘）

间视觉环境，能够提升行人的步行体验，吸引更多行人驻足，进而增加行人出现率。行人数量增加可以提升街道的活力，进而丰富街道的视觉环境，为街道增添生动性和趣味性。

（1）行人出现率较低，呈现断崖式下降。

行人出现率较低，均值为 0.002（图 5-23）。其中，行人出现率处于一、二、三区间（0~0.01）的占比达到 85.06%，处于 0.011~0.017 区间的占比为 1.96%，处于 0.018~0.042 区间的占比为 0.67%。知春路、上庄路及笑祖北路等部分街道行人出现率较高，道路使用者倾向于选择步行和骑自行车出行作为出行方式，既符合节能环保理念，又能为街道空间增添更多人情味和生活气息。

（2）行人出现率在南五环内较高。

从空间分布（图 5-24）来看，海淀区街道空间视野中行人出现率整体较低，高值主要分布于南五环内。西边、北边生活性街道空间行人出现率较低。结合百度街景地图可知，海淀区西边、北边主要为生态保护区，居住密度相对较低，机动化程度较

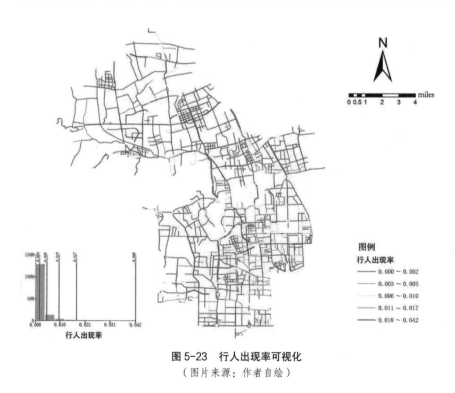

图 5-23　行人出现率可视化
（图片来源：作者自绘）

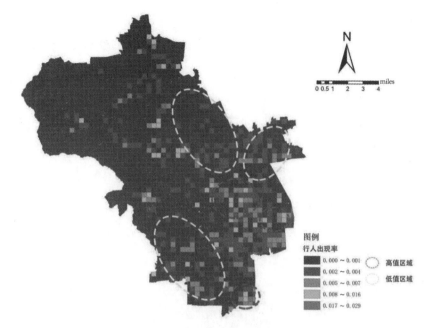

图 5-24　行人出现率空间分布特征
（图片来源：作者自绘）

高，需进一步完善慢行交通体系；道路使用者较少将步行和骑自行车出行作为主要出行方式。

　　总体而言，海淀区生活性街道空间的行人出现率普遍偏低，区域差异较大，慢行交通有待优化。在优化生活性街道空间视觉环境的过程中，设计师要重点关注使用者多样化的出行需求。通过完善慢行交通设施，引导使用者选择绿色环保出行方式，既符合绿色环保理念，又能为生活性街道注入更多的生活气息和人情味。

5.3.4　在丰富性方面，行人视觉信息量较为复杂

5.3.4.1　视觉复杂度较高，空间集聚较为显著

　　街道空间线条越复杂、线条越曲折，计盒维数越高，行人视觉信息量越大，视觉感知复杂度越高。因此，本研究以计盒维数反映生活性街道空间线条的复杂程度。生活性街道空间线条的复杂程度与街道空间植物种类、数量、密度，两侧建筑类型、体量、高度等都有密切的关系。

（1）街道自然景观和建筑界面均会对计盒维数产生影响。

海淀区生活性街道空间计盒维数分布较为均衡，占比较为适中，街道自然景观和建筑界面均会对计盒维数产生影响（图5-25）。计盒维数呈单峰波动，处于1.46~1.49区间的占比最大，占比达到35.54%；处于1.50~1.53区间的占比次之，占比为31.28%；处于1.40~1.45区间的占比17.30%；处于1.54~1.62区间的占比12.30%；处于1.24~1.39区间的占比最少，仅为3.58%。结合百度全景图可以得知，生活性街道空间计盒维数的差异主要由植物茂密程度和建筑界面类型及围合度不同造成，计盒维数高值街道可以分为街道自然景观丰富和街道建筑界面丰富两种情况。其中，地锦路、景天路、文松路、麦钟桥西街等部分街道绿化水平较高、绿植密集；花园东路、蓝靛厂南路和蓝晴路等部分街道建筑类型复杂、造型丰富。

对街道建筑界面类型进行进一步探究（表5-2）表明，蓝靛厂南路道路两侧以零售商业及办公楼为主，建筑立面以灰空间和玻璃界面为主，具体包括牌匾、门窗及玻璃幕墙等，立面细节较为丰富。蓝晴路两侧为居住区，有少量商业，建筑立面为栅格

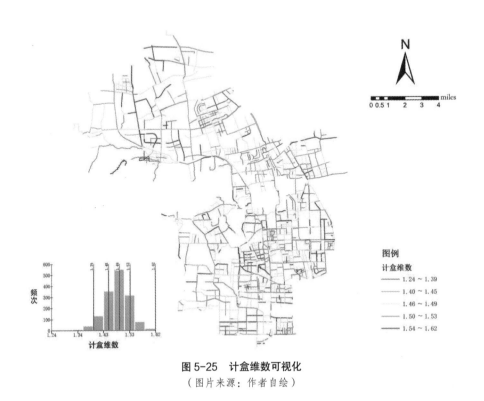

图5-25　计盒维数可视化

（图片来源：作者自绘）

界面，细节以窗户和建筑外轮廓线为主。碧云寺北路道路较为狭窄且绿化水平较高，视野中建筑界面占比较低且以实墙为主，立面粗糙，计盒维数较低。

表 5-2　典型街景视觉复杂度对比

计盒维数	街景全景图	线条复杂情况
n=1.301		低
n=1.410		较低
n=1.490		中
n=1.549		较高
n=1.633		高

（2）计盒维数分布较为均衡，分区内部存在差异。

从空间分布（图 5-26）来看，海淀区生活性街道空间计盒维数高值分布较为均衡，北边主要集中于苏家坨镇、上庄镇、温泉镇、西北旺镇交界处，南边主要集中于学院路街道、曙光街道和清华园街道。结合街景图可以发现，北边高值区域街道两侧以街道自然景观为主，街道两侧植物茂密、种类丰富；南边高值区域街道两侧以建筑界面为主，其中学院路街道两侧以高校为主，曙光街道两侧以高层居住区为主，密集的居住区和商务写字楼附近街道空间计盒维数较高。

5.3.4.2　视觉破碎度较高，空间分布南高北低

外部形状指数反映了街道两侧建筑界面形态的破碎程度。绿化、街道家具、车流、

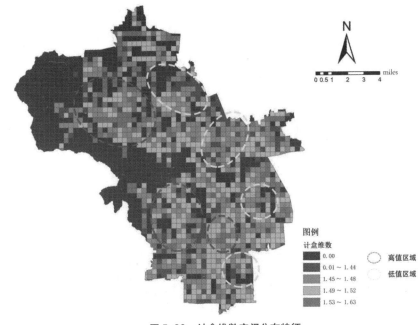

图 5-26　计盒维数空间分布特征

（图片来源：作者自绘）

人流会造成行人的视线遮挡，进而影响街道空间视觉破碎度。因此，本研究以外部形状指数反映街道空间建筑界面形态的破碎程度。

（1）绿视率高及景观小品丰富的街道外部形状指数较高。

海淀区生活性街道外部形状指数较为均衡，呈单峰波动，高绿视率及景观小品丰富的街道外部形状指数较高（图 5-27）。其中，外部形状指数处于 0~2.64 区间的占比为 4.39%，处于 2.65~4.23 区间的占比为 17.03%，处于 4.24~5.2 区间的占比 34.39%，处于 5.21~6.19 区间的占比为 30.88%，处于 6.2~8.79 区间的占比为 12.57%。

结合百度全景图（表 5-3）可以得知，外部形状指数差异主要受街道家具的种类及数量、街道宽度及街道流动要素的影响。万泉河路、槐树居路、永定路、永澄北路等部分道路两侧零售商业密集，车流量及人流量较大，公交站点及休闲座椅数量较多，街道空间外部形状指数较高；双榆树二街、荷清路、苏家坨西路等部分街道道路狭窄，视线遮挡较少，建筑界面较为完整，外部形状指数较低。

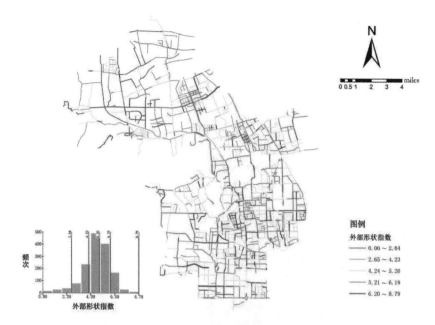

图 5-27 外部形状指数可视化

（图片来源：作者自绘）

表 5-3 典型街景建筑界面视觉破碎度对比

外部形状指数	街景全景图	形态破碎情况
n=1.44		低
n=3.33		较低
n=4.63		中
n=5.86		较高
n=8.40		高

（2）海淀区生活性街道外部形状指数东高西低。

从空间分布（图5-28）来看，海淀区生活性街道建筑界面外部形状指数高值集中分布于五环内及清河、上地街道。清河和上地街道等区域居住密度相对较高，单位面积内的人口数量较多，导致街道空间内车流量及人流量较大。为了满足居民的出行需求，公交站点和休闲座椅等设施较为密集。高密度和高使用频率的空间配置，在一定程度上导致街道空间视线的遮挡，增加了外部形状指数的数值。

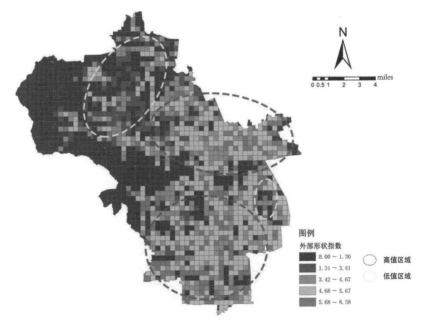

图 5-28 外部形状指数空间分布特征

（图片来源：作者自绘）

5.3.4.3 肌理较均衡，区域差异不显著

二维熵可以表征场景光影、材质及造型等因素，体现街道空间的肌理复杂程度。开阔的天空及绿荫会产生丰富的光影效果，进而影响场景二维熵，表5-4反映了典型街景二维熵。

表 5-4 典型街景二维熵对比

二维熵	街景全景图	肌理复杂情况
$n=8.78$		低

二维熵	街景全景图	肌理复杂情况
$n=11.84$		较低
$n=12.31$		中
$n=12.79$		较高
$n=13.90$		高

（1）光影变化丰富和建筑类型多元的街道二维熵较高。

海淀区生活性街道二维熵较为均衡，呈单峰波动，光影变化丰富和建筑类型多元的街道二维熵较高（图 5-29）。其中，二维熵处于 7.03~9.69 区间的占比为 4.39%，处于 9.7~11.48 区间的占比为 17.03%，处于 11.49~12.09 区间的占比为 34.39%，处于 12.1~12.61 区间的占比为 30.88%，处于 12.62~13.91 区间的占比为 12.57%。

通过各个街道平均二维熵统计可知，二维熵的差异主要由建筑界面肌理及街道光影变化造成。麦钟桥西街一侧为公园绿地，绿化较好，光影变化丰富；花园东路两侧建筑类型丰富，不同建筑的材质和造型差异较大。西苑操场路、大钟寺东路、上地西路等部分街道建筑类型较为单一，光影变化不丰富，街道二维熵较低。

（2）二维熵空间分布较为均衡，区域差异不显著。

从空间分布（图 5-30）来看，海淀区生活性街道二维熵高值分布较为均衡，各区域均有分布。结合街景图进一步分析可知二维熵高值区域的具体特征。北边高值区域街道两侧植物茂密，产生复杂的光影变化，使街道空间呈现出丰富的肌理。自然元素不仅增加了街道的观赏性，也为居民提供了更为舒适和宜人的生活环境。南边高值区域街道两侧的建筑类型丰富，材质多样，造型多元。多样化的建筑元素为街道空间带来了更为丰富的视觉体验，也反映了海淀区作为一个充满活力的城市区域所拥有的多样性和包容性。

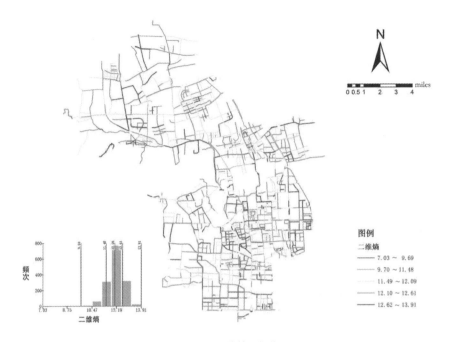

图 5-29　二维熵可视化

（图片来源：作者自绘）

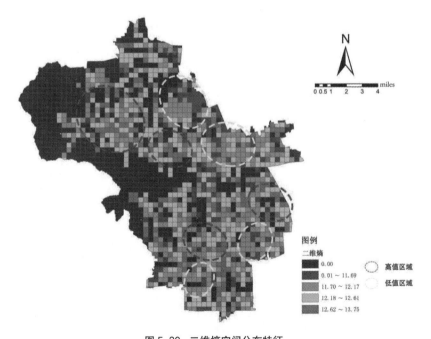

图 5-30　二维熵空间分布特征

（图片来源：作者自绘）

5.4 生活性街道空间视觉环境影响机制分析

视觉环境通常受到多种因素的共同作用。通过多个自变量的最优组合来评估因变量，比单一的自变量预测更有效，更贴近实际情况。因此，为了探究不同客观评价指标对行人视觉环境感知的具体影响，本研究采取多元线性回归方法对感知得分与视觉环境特征进行深化研究。

5.4.1 多元线性回归分析

本研究基于 SPSS 分析软件，以生活性街道空间要素及特征为自变量，以视觉环境感知得分为因变量，建立生活性街道空间要素对视觉感知的影响机制模型。由多元线性回归分析结果（表 5-5）可知，调整后的 R^2 为 0.805，表明该模型可以解释 80.5% 的视觉感知得分，即机动车道占比、人行道占比、绿视率等 10 个变量对视觉感知这一变量的联合影响程度较高。此外，所有自变量对视觉感知的影响均是显著的（$P < 0.05$），模型的 VIF 都小于 10，表明不存在共线性问题。模型的 F 和 P 分别为 3359.685 和 0.000，模型通过 F 检验和 P 检验，拟合的方程有统计学意义。

表 5-5 多元线性回归分析结果

	非标准化系数		标准化系数	t	P	VIF	R^2	调整后的 R^2	F
	B	标准误差	β						
常数	− 4.55	0.155	—	− 29.328	0.000***	—			
建筑界面围合度	− 0.579	0.073	− 0.095	− 7.958	0.000***	5.912			
天空开阔度	− 2.383	0.085	− 0.278	− 28.163	0.000***	4.07			
绿视率	1.871	0.066	0.351	28.18	0.000***	6.455			
机动车道占比	7.322	0.055	0.829	133.892	0.000***	1.599	0.806	0.805	F=3359.685、P=0.000***
人行道占比	7.773	0.105	0.398	74.218	0.000***	1.197			
机动车出现率	− 15.585	1.034	− 0.077	− 15.074	0.000***	1.087			
行人出现率	7.047	0.09	0.4	78.451	0.000***	1.082			
外部形状指数	0.055	0.003	0.097	17.486	0.000***	1.29			
计盒维数	1.034	0.153	0.063	6.756	0.000***	3.641			
二维熵	0.295	0.011	0.229	26.605	0.000***	3.087			
因变量：视觉感知得分									

（资料来源：作者自绘）

注：*** 代表 1% 的显著性水平。

建筑界面围合度、天空开阔度、绿视率、机动车道占比、人行道占比、机动车出现率、行人出现率、外部形状指数、计盒维数和二维熵 10 个自变量的 P 均小于 0.05，说明这几个变量对视觉感知具有显著影响。总体而言，人行道占比（$B=7.773$）、机动车道占比（$B=7.322$）、行人出现率（$B=7.047$）、绿视率（$B=1.871$）、计盒维数（$B=1.034$）、二维熵（$B=0.295$）和外部形状指数（$B=0.055$）对视觉感知具有正向影响且影响程度逐渐减弱。机动车出现率（$B=-15.585$）、天空开阔度（$B=-2.383$）、建筑界面围合度（$B=-0.579$）对视觉感知具有负向影响且影响程度逐渐减弱。

5.4.2　视觉环境影响机制分析

5.4.2.1　空间开放性

在空间开放性方面，建筑界面围合度与视觉感知得分呈负相关，建筑要素在街道空间中占比越少，空间开放程度越高，行人视觉环境评价越好。当街道的围合度较高时，行人的视线和视野受到限制，空间显得压抑和局促，视觉环境评价降低。相反，低围合度的街道空间能够提供更好的视觉通达性和景观多样性，从而提高行人的视觉感知得分。结合实地调研可以发现，空间开放性较弱的街道空间拥挤、两侧高层建筑密布且含有部分写字楼，街道两侧建筑以玻璃幕墙或大面积实墙为主，底层空间交互性较弱。

在保证建筑高度相同的前提下，不同建筑材料会对视觉感知产生不同影响。建筑材料主要为玻璃的建筑物具有较强的竖向韵律感，在传递视觉信息方面具有更大的优势；以大型广告牌和大面积混凝土砖墙为主的建筑物的整体感知最差，不利于视觉信息传达。

低层空间整体交互性差，缺乏交流与休憩的平台。瞭望 - 庇护理论认为具有瞭望与庇护两方面因素的环境有助于个体进行信息处理，能够提供逗留场所和避免潜在危险。以双榆树北路东段为例，该街道以住宅建筑为主，底层交互性较弱，导致街道整体视觉环境评价较差。

街道临时泊车和行道树会遮挡视线，也会对行人感知范围产生影响。行人在街道中的视觉感知范围受到临时停泊车辆、行道树及建筑界面等多种因素的共同制约与限定。当行人置身较为狭窄的人行道视域空间中，其视觉感知范围受到限制，视线被两侧障碍物阻挡，产生拥挤感和压抑感。各种可感知要素会被极大增强，使不同类型街道空间要素对行人的情绪体验的影响更为显著。空间特征要素若乏味、缺少吸引力，行人往往会快速通过，形成较差的街道空间体验。

5.4.2.2 空间舒适性

空间舒适性主要受绿视率和天空开阔度等自然要素的影响。随着空间内部植物占比的增加，行人视觉感知增强；过于开阔的天空，不利于行人的视觉环境感知。绿视率较高的街道，多在城市大型绿地周边，视觉环境评价较好。二龙闸路西至昆明湖东路，东到颐和园西路，道路周边自然要素较为丰富，因此本研究选取二龙闸路为研究对象进行研究分析。通过对不同的街道界面进行比较分析发现，对于绿视率较高的界面，行人舒适感较强，视觉环境感知较好。此外，提升树木高度及植物覆盖率都有助于提高个体注意力水平。二龙闸路西段街道界面以护栏为主，东段界面以大面积实墙为主；二龙闸路西段的植物垂直生长，提高了视野中植物覆盖率，增强了个体的视觉感知和信息处理能力，有利于优化生活性街道空间视觉环境评价。

不同种类植物配置可以提升视觉吸引力，优化行人感官体验。行人高度关注街道空间中的植物，植物种类和数量较容易影响行人对街道空间视觉环境的评价。视觉感知得分较高的街道往往植物种类也较为丰富，得分较低的街道通常表现出植物种类单一的特点，甚至部分街道绿化配置缺失。此外，相较于单一种类植物，多种植物配置往往更能吸引行人的注意力。万柳中路街道绿化多为3~4种植物的配置方式，通过不同植物的搭配和组合，并充分考虑不同季节街道景观的视觉效果，形成了多样的绿化景观。

5.4.2.3 空间安全性

安全性是需求理论中最基本的原则。随着街道中车流量的增大，行人注意力的需求也逐渐提升。空间安全性主要受街道空间道路占比、机动车出现率和行人出现率的影响，道路占比和行人出现率与空间安全性正相关，机动车出现率与空间安全性负相关，即街道空间中车辆的占比越低，空间的安全性越高，行人对于视觉环境感知越好。

车辆乱停乱放、人车混行及较大的车流量，使行人易产生疲劳及不安全感。结合实地调研可知，以机动车要素为主导的街道更易使行人产生负向评价。例如，知春路为城市主干道，交通压力较大；科学院南路两侧临街商业较多，车流量较大，给周边街道和住区带来了沉重的交通负担。双榆树北路建设较早，街道空间相对狭窄，难以满足日益增长的货运及私家车停车需求，大量车辆沿街停放。在人车混行的交通环境中，人行空间常被机动车侵占，压缩了行人的活动空间，使行人的视域范围缩小，使街道活动类型局限于必要的生活购物与通行活动，缺乏多样性与活力。

因此，对于交通量较大的街道，应着重处理车与人的关系。对于两侧以居住区为主的街道，在用地功能上，应避免引入会产生大量集散交通的商业，以减少对外交通流动对居民生活的干扰，为居民创造一个宁静、舒适的居住环境。

5.4.2.4　空间丰富性

在空间丰富性方面，生活性街道空间建筑界面形态、线条、肌理等均会影响视觉环境感知。建筑界面形态越破碎、线条越复杂、光影变化越丰富，行人视觉环境评价越好。

街道空间建筑界面形态破碎度受街道家具、绿化等影响，街道空间设施越丰富，界面破碎度越高，行人对视觉环境的评价越好。相关研究证明，行人可接受的步行距离不仅受生理影响，还受心理感受的影响。如果通行路径通畅，街道空间缺乏趣味设施，行人可一眼望尽街道的景观全貌，行人可接受的步行距离就被延长，单调的街道空间会降低行人的视觉感知。

在线条方面，建筑界面突出檐口、多样化的窗口设计以及装饰纹理共同营造了丰富的视觉信息，进而增强了行人的视觉感知。光影变化和户外广告、店铺招牌等是影响街道空间肌理的重要因素。Lee M 等（2018）指出招牌具有引导行人视线的重要功能，经过合理设计的招牌有助于提升商业吸引力，营造出繁华、活跃的商业景象，增强城市商业氛围，而杂乱无序的招牌会破坏街道整体美感，带来消极的视觉感受。Azeema N 等（2016）强调招牌在信息传递方面的作用，认为招牌是传递视觉信息最直接有效的媒介。本研究选取双榆树三街部分路段进行分析，西至中关村大街，东至科学院南路，周边以商业中心和住宅为主。双榆树三街西侧建筑界面线条较为单一，商业店铺较少；东侧店铺较为密集，街道光影变化丰富，视觉感知较好。在进行店铺广告牌设计时，应注重广告牌与其依附的建筑物及周边建筑的协调性，以维护整体视觉的和谐统一。

5.5 生活性街道空间视觉环境构成差异分析

由于不同生活性街道街景构成要素存在差异，视觉感知主要影响因子不同。本研究基于街景要素构成差异和主观感知评分成果选取典型案例街道开展实地调研，对视觉感知与生活性街道空间视觉环境的关系进行细粒度研究，以期为精细化提升生活性街道空间视觉环境提供策略指引。

5.5.1 典型案例街道选取

使用自然断点法根据主观感知评分将街道分为三级：最高等级为"高值"，感知得分为 0.63~1.00；最低等级为"低值"，感知得分为 0.00~0.36，高值、中值和低值街道分布如图 5-31 所示。

图 5-31 视觉感知得分分布图

（图片来源：作者自绘）

为进一步探究典型案例街道视觉环境特征，根据生活性街道空间视觉环境感知评分，从高值和低值街道中选择典型街道，选取依据如下。

（1）所选街道居民使用率较高。

选取的街道以满足当地居民的基本日常生活为主，周边有大量常住人口，居民会经常来此散步、购物和进行社会交往等。

（2）街道视觉环境有一定差异。

不同生活性街道构成要素存在差异，对视觉感知的影响程度不尽相同。因此，本研究从开放性、舒适性、安全性和丰富性四个维度分别选取典型案例街道：以开放性因子为主要影响因素的生活性街道的特征主要包括有高透明度的街道空间，有密集的高层建筑，有以商业、金融等属性为主的内部建筑等；以舒适性因子为主要影响因素的生活性街道具有较高的绿化覆盖率，多分布于城市公园绿地周边；以安全性因子为主要影响因素的生活性街道机动车占比较高，交通性较强，两侧建筑以非开放式界面为主；以丰富性因子为主要影响因素的生活性街道功能较为丰富，包括商业以及公共服务设施等。

根据上述条件，本研究共筛选得到 8 条典型生活性街道，分别是丹棱街、蓝靛厂路、圣化寺路、曙光花园中路、万柳中路、双榆树北路、中关村南路和科学院南路。这些街道均位于五环内，行人使用频率较高，周边均有较为集中的居住用地，属于典型生活性街道且空间环境存在一定差异。初步筛选的部分样本街道如图 5-32 所示。典型生活性街道空间视觉环境示意如表 5-6 所示。

图 5-32 选取典型案例街道示意图
（图片来源：作者自绘）

表 5-6 典型生活性街道空间视觉环境示意

感知维度	感知得分	典型生活性街道	实景图
开放性	高值		
		街道名称：丹棱街 街道形式：城市次干道，人车分行 街道内主要功能：街道两侧包含商业、商务办公楼、居住区等，功能丰富 建筑立面：建筑立面质量较好，通透性较好 步行空间：步行空间较为开阔，街道干净整洁，人行空间通畅度较好	
开放性	低值		
		街道名称：蓝靛厂路 街道形式：城市次干道，人车分行 街道内主要功能：街道两侧包含居住区、沿街商业及学校 建筑立面：老旧，建筑立面质量、通透性及互动性较差 绿化要素：绿化较少 天空开阔度：天空开阔度较低	
安全性	高值		
		街道名称：圣化寺路 街道形式：城市支路，人车分行 街道内主要功能：街道两侧为低层住区 建筑立面：现代建筑为主，建筑风格较为统一；以栅格界面为主 绿化要素：绿化较丰富 天空开阔度：天空较开阔	

感知维度	感知得分	典型生活性街道	实景图
安全性	低值	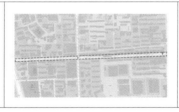	

街道名称：曙光花园中路
街道形式：城市次干道，人车分行
街道内主要功能：街道两侧以居住区、学校及商业办公为主
建筑立面：高层、低层建筑并存，体量、高度不协调
步行空间：步行空间狭窄，机动车停放占用步行空间

| | 高值 | | |

街道名称：万柳中路
街道形式：城市次干道
街道内主要功能：街道两侧以居住区和商业为主
建筑立面：建筑立面多样，通透性较好
绿化要素：绿化丰富
步行空间：机动车、非机动车及行人分行

| 舒适性 | 低值 | | |

街道名称：双榆树北路
街道形式：城市次干道
街道内主要功能：街道两侧以居住区为主
建筑立面：建筑多为老旧小区，质量较差，围合度较高
绿化要素：绿化较为单一

感知维度	感知得分	典型生活性街道	实景图
丰富性	高值		
	街道名称：中关村南路 街道形式：城市次干道 街道内主要功能：街道两侧以沿街商业和居住区为主 建筑立面：建筑类型多样，通透性较好 绿化要素：绿化要素、景观小品较为丰富		
丰富性	低值		
	街道名称：科学院南路 街道形式：城市次干道 街道内主要功能：街道两侧以商业和居住区为主 建筑立面：建筑多为老旧小区，质量较差，沿街商业界面较为杂乱 绿化要素：绿化较为丰富		

（资料来源：作者自绘）

5.5.2 典型案例街道调研

本研究在 2023 年 12 月至 2024 年 2 月对 8 个典型案例街道开展实地调研。在实地调研中，对高值、低值典型案例街道分别进行实地调研和问卷访谈。本研究共发放 172 份问卷，回收有效问卷 160 份，平均每条生活性街道发放 20 份问卷。本研究完成了 8 条典型案例街道的视觉环境感知满意度评价。

（1）基本信息统计。

本次调查问卷性别整体平衡。其中，男性共 75 人，占总人数的 46.9%，女性共

85 人，占总人数的 53.1%。在年龄占比方面，20 岁以下的人最少，有 9 人，占总人数的 5.6%；30~40 岁的人最多，有 62 人，占总人数的 38.8%。在职业方面，此次问卷调查以自由职业者和家庭主妇为主，共 71 人，占总人数的 44.4%；由于政府机关工作人员上班时间固定，调查数量最少，仅有 11.9%。在学历方面，本科人数占比最高，有 85 人，占总人数的 53.1%；硕士次之，有 42 人，占总人数的 26.3%；高中及以下和博士及以上学历相对较少，分别占 11.3% 和 9.4%（表 5-7）。

表 5-7　基本信息统计

性别	年龄	职业	学历
男（75）	＜ 20（9）	学生（28）	高中及以下（18）
女（85）	20~30（32）	家庭主妇（31）	本科（85）
	30~40（62）	企业职员（30）	硕士（42）
	40~50（28）	自由职业者（40）	博士及以上（15）
	50~60（19）	政府机关工作人员（19）	
	＞ 60（10）	退休人员（12）	

（资料来源：作者自绘）

由表 5-8 可知，行人出行的主要目的为购物、餐饮。在街道空间中停留时长呈现两极分化的趋势，有 40.31% 的行人停留时间不超过 10 分钟，而有 29.69% 的行人会在街道空间中停留超过 30 分钟。停留时长超过 30 分钟的居民的出行目的呈现多元化特征，包括购物、散步及娱乐等，对街道空间环境表现出较高的满意度。分析行人行为特点可知，更好的生活性街道空间视觉环境能够促进行人参与街道活动并提升街道使用频率。

表 5-8　行人行为特征规律调查结果统计

调查内容	问题选项	比例
身处街道的主要目的（可多选）	上下班、上下学	22.21%
	购物、餐饮	42.34%
	散步、消遣	12.33%
	跑步、锻炼	13.41%
	其他	9.71%
在街道空间中停留时长	10 分钟以内	40.31%
	10~20 分钟	15.94%
	20~30 分钟	14.06%
	30 分钟以上	29.69%

（资料来源：作者自绘）

（2）街道需求差异特征分析。

不同性别人群对街道视觉环境要素需求差异较小。男性与女性对于宜人的视野、优美的景致、安全的空间三类视觉环境要素的需求都在50%以上。在需求程度排序方面，男性最强调宜人的视野，其次是安全的空间、多元的印象和优美的景致。女性则最关注空间安全性，其次是优美的景致、多元的印象和宜人的视野。

不同年龄段人群对街道视觉环境要素需求差异较大。在需求程度排序方面，20岁及以下人群强调宽阔的步行空间、较大的人流量等安全的空间，其次是优美的景致、宜人的视野和多元的印象。21~40岁人群最关注适宜的建筑体量、视线开阔等宜人的视野在街道空间中的作用，其次是优美的景致、安全的空间和多元的印象。41~60岁人群最关注街道空间中的历史人文气息，材质、肌理等的丰富性，其次是安全的空间、优美的景致和宜人的视野。60岁及以上人群，对安全的空间、优美的景致、多元的印象和宜人的视野的需求程度接近且均高于60%。

不同受教育程度人群对视觉环境要素的需求存在明显差异。高中及以下群体更关注宽阔的步行空间、较大的人流量等安全的空间和街道绿化、景观小品等优美的景致，对于宜人的视野和多元的印象的需求较小。本科及以上群体的要素需求同高中及以下群体存在明显差异，对安全的空间、优美的景致、多元的印象和宜人的视野的需求程度均较高，更关注街道历史人文气息、人际交流空间等多元的印象（图5-33）。

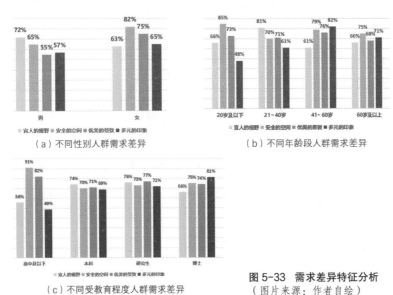

（a）不同性别人群需求差异

（b）不同年龄段人群需求差异

（c）不同受教育程度人群需求差异

图5-33　需求差异特征分析
（图片来源：作者自绘）

（3）街道满意度描述性分析。

本研究对有效问卷的样本数据进行统计，利用 Excel 软件对数据结果进行归一化处理，并计算各项指标满意度平均值，得到了样本街道各项指标得分表。

由街道综合满意度得分（表 5-9）可知，丹棱街、万柳中路和中关村南路这 3 条街道的综合得分在 0.7 分之上，这些街道比较突出的特点是有较好的绿化景观及开阔的人行空间。其他 5 条街道的满意度得分相对较低，街道绿化缺失、步行空间狭窄导致行人产生无趣、枯燥的感受，活动意愿降低。

表 5-9　典型案例街道各项指标满意度得分

序号	评价因子	丹棱街	蓝靛厂路	万柳中路	双榆树北路	圣化寺路	曙光花园中路	中关村南路	科学院南路
1	建筑围合度	0.85	0.10	0.93	0.22	0.86	0.45	0.96	0.65
2	视线开敞度	0.73	0.35	0.8	0.15	0.65	0.23	0.83	0.32
3	绿化景观	0.65	0.45	0.95	0.43	0.84	0.6	0.75	0.37
4	天空开阔度	0.56	0.23	0.75	0.42	0.62	0.43	0.7	0.15
5	车流量	0.46	0.35	0.8	0.25	0.75	0.12	0.50	0.12
6	人流量	0.50	0.36	0.65	0.50	0.45	0.32	0.92	0.63
7	人行道宽度	0.8	0.20	0.74	0.62	0.75	0.08	0.65	0.52
8	车行道宽度	0.73	0.50	0.82	0.50	0.63	0.55	0.72	0.65
9	材质、肌理等丰富程度	0.9	0.35	0.32	0.12	0.66	0.2	0.72	0.32
10	轮廓、线条等协调度	0.95	0.15	0.55	0.1	0.55	0.15	0.83	0.42
11	街道平均值	0.713	0.304	0.731	0.331	0.676	0.313	0.758	0.415

（资料来源：作者自绘）

由以开放性为主导的街道的各指标满意度得分可知，建筑围合度和材质、肌理等丰富程度等指标满意度差异较大。丹棱街总体评价得分较高，整体建筑质量较高，视线较为开阔，路面铺装、街道绿化、环境氛围等方面良好，但车流量相对较大。其中轮廓、线条等协调度满意度得分（0.95）最高，建筑围合度满意度得分（0.85）和材质、肌理等丰富程度满意度得分（0.90）次之，而车流量满意度得分（0.46）最低。蓝靛厂路总体评价得分较低，整体建筑质量较差，风格、体量不协调，街道路面氛围较好，行人步行空间开阔。其中建筑围合度满意度得分（0.10）最低，轮廓、线条等协调度满意度得分（0.15）和人行道宽度满意度得分（0.20）较低，而车行道宽度满意度得分（0.50）较高。

由以舒适性为主导的街道的各指标满意度得分可知，绿化景观和天空开阔度满意度得分差异较大。万柳中路总体评价得分较高，绿化丰富且建筑质量较高。其中绿化景观满意度得分（0.95）最高，材质、肌理等丰富程度满意度得分（0.32）最低。双榆树北路总体评价得分较低，绿化景观和建筑质量较差。其中建筑围合度和材质、肌理等丰富程度等指标满意度得分均较低，景观质量和街道安全性亟待提升。

由以安全性为主导的街道的各指标满意度得分可知，车流量和人行道宽度满意度得分差异较为显著。圣化寺路总体评价得分较高，街道空间安全性较好，车流量较少，建筑质量较高。各类满意度得分中只有材质、肌理等丰富程度和轮廓、线条等协调度得分较低，建筑风格样式有待进一步丰富。曙光花园中路总体评价得分较低，街道安全性较差，车流量较大，步行空间狭窄。其中人行道宽度满意度得分（0.08）最低，车流量满意度得分（0.12）较低。

由以丰富性为主导的街道的各指标满意度得分可知，材质、肌理等丰富程度和轮廓、线条等协调度满意度得分差距较大。中关村南路总体评价得分较高，视觉丰富性较好，建筑通透性较高，材质、肌理丰富。各类满意度得分均为正值，建筑围合度满意度得分（0.96）最高，人流量满意度得分（0.92）次之。科学院南路总体评价得分较低，视觉丰富性较差，建筑较为封闭，立面凌乱，风格不协调。天空开阔度满意度得分（0.15）和车流量满意度得分（0.12）较低。

5.5.3 典型案例街道特征总结

本研究根据对 8 条典型案例街道的实地调研和街景构成要素的差异，将生活性街道分为开放性街道、舒适性街道、安全性街道和丰富性街道。下文介绍本研究针对典型案例街道实地调研中观察发现的影响视觉感知的空间规律特征。

开放性街道的首要特征在于其空间的开放性，具体空间特征如表 5-10 所示。开放性街道建筑立面质量和建筑界面通透性较好。建筑立面多采用玻璃幕墙、轻质隔断等现代建筑材料和技术，同时注重立面的细部设计，如窗户、阳台、雨篷等元素的搭配和协调，不仅能提升街道的整体美感，还能反映城市的文化底蕴和历史特色。

建筑界面通透性较好的街道多采用高透明度的玻璃材料，如普通玻璃、超白玻璃等，能够有效提升建筑界面的通透性，使室内空间与外部环境相互渗透；在设计上通过大面积玻璃幕墙、镂空的图案或墙面的洞孔等形成开敞、玲珑剔透的视觉空间效果，使行人在视觉上形成空间扩展的感觉。较好的建筑界面通透性意味着更多的自然光线和景观能够进入街道空间，增加街道的开放感和舒适感，能够促进沿街建筑与街道空间的互动，使街道空间更加生动。

表 5-10　典型开放性街道视觉环境特征总结

感知维度	感知得分	主要影响要素	空间特征分析（定性）	示意图片
开放性街道	较高	建筑尺度和通透性、建筑材质、质量	1. 较好的建筑立面质量，建筑界面通透性较好 2. 人行空间宽度适宜，视野开阔 3. 沿街建筑间距较适宜，街道较干净整洁	 
	较低		1. 沿街建筑间距较小，压抑感较强 2. 沿街建筑立面品质不佳 3. 两侧建筑界面尺度、设计单一 4. 两侧建筑实墙面积过大，通透性较差	 

（资料来源：作者自绘）

除建筑界面外，开放性街道中的人行空间及建筑间距也较大。开放性街道中的障碍物和设施数量较少，注重街道与周边环境的景观联系；建筑间距较为适中，能够保持街道的通透性和空间感，避免产生压抑和拥挤的感觉。

舒适性街道的首要特征在于其空间的舒适性，具体空间特征如表 5-11 所示。街道的宽度应适中，既能满足交通需求，又能为行人提供足够的活动空间。通常街道宽度与建筑高度的比（*D/H*）为 1~2 被认为是比较舒适的。街道空间层次较为丰富，街道空间应有层次感和变化，如通过建筑高度的变化、开放空间的设置等为行人提供丰富的视觉体验和活动空间。街道绿化植被多样，两侧应种植多样化的绿化植被，如树木、花草等，为行人提供阴凉和美观的街道环境。街道景观元素独特，应融入独特的景观元素，如雕塑、喷泉、景观墙等，为街道增添艺术气息和人文内涵。

表 5-11　典型舒适性街道视觉环境特征总结

感知维度	感知得分	主要影响要素	空间特征分析（定性）	示意图片
舒适性街道	较高	行道树、绿化隔离带等植物要素	1. 街道植物种类较为丰富 2. 街道绿化占比适中	
	较低		1. 部分街道行道树过密，影响街道整体形象 2. 部分高密度住区街道绿量低，生态效益差 3. 绿化种类单一	

（资料来源：作者自绘）

安全性街道的首要特征在于其空间的安全性，具体空间特征如表 5-12 所示。安全性街道在设计中充分考虑行人和车辆的通行空间，通过设置路缘石、护栏、绿化带等物理设施，将车行道和人行道明确分隔开，确保两者互不干扰，确保路口有序通行；在有需要的地方设置交通信号灯、交通标志和标线等，明确车辆和行人的通行规则和优先权。人行空间宽度适宜，视野开阔，通行流畅，以满足行人正常行走、交谈、停留等的需求。街道交通井然有序，通过合理的交通信号灯，交通标志、标线以及交通执法等手段，有效规范行人和车辆的交通行为，降低交通事故的风险。

表 5-12　典型安全性街道视觉环境特征总结

感知维度	感知得分	主要影响要素	空间特征分析（定性）	示意图片
安全性街道	较高	人行道、车行道、非机动车、分隔设施等	1. 人行空间宽度适宜，视野开阔，通行流畅 2. 人车分行	
	较低		1. 市政设施占用步行空间 2. 缺乏必要的步行设施 3. 人车混行，交通秩序混乱 4. 街道两侧停车较多，通行受到阻碍，影响较大	

（资料来源：作者自绘）

　　丰富性街道的首要特征在于其空间的丰富性，具体空间特征如表 5-13 所示。街道两侧的建筑风格多样，既有历史建筑，也有现代建筑，形成独特的城市风貌。街道功能具有复合性，不仅承载着交通通行的基本功能，还是城市生活的重要载体。商业、休闲、娱乐、文化等多种功能交织在一起，形成多元化的城市生活场景，使街道空间的使用更加高效，也为城市居民提供更多样化的生活体验。街道断面设计合理，考虑不同交通方式的需求，如人行道、非机动车道、机动车道、绿化带等有明确的界线和适宜的比例。文化活动多样，经常举办各种文化活动，如艺术展览、音乐会、戏剧表演等，为居民提供丰富的文化体验。

表 5-13　典型丰富性街道视觉环境特征总结

感知维度	感知得分	主要影响要素	空间特征分析（定性）	示意图片
丰富性街道	较高	建筑、围墙、广告牌、沿街商业等要素	1. 建筑风貌统一，风格协调，底层空间通透性较强 2. 街道空间设施丰富多样 3. 人群活动高度集聚，满足不同人群的使用需求	
	较低		1. 新旧建筑风貌对比强烈 2. 相邻建筑尺度相差过大 3. 建筑立面要素杂乱，风格不统一	

（资料来源：作者自绘）

5.6　本章小结

　　本章对北京市海淀区区域概况进行了梳理，对生活性街道空间视觉环境得分和各评价指标进行了量化分析，通过多元线性回归模型探究了视觉感知影响因素，根据评价结果选取典型案例街道进行了视觉环境构成要素差异性分析，总结了典型案例街道特征。

（1）视觉环境得分空间分布特征。

海淀区生活性街道空间视觉感知整体较好，空间分布呈现中部高、南北低的特点。由各行政区的综合感知评价可知，高综合感知评价空间主要集中于四环内及上地、清河区域，低综合感知评价空间主要分布于海淀区西南边。本研究使用空间自相关分析对街景采样点视觉感知得分进行了空间聚类，探讨了其空间分布。

（2）视觉环境指标空间分布特征。

在空间开放性方面，整体视域空间较为开阔，建筑界面围合度较低，空间分布差异显著，呈现南高北低的特点；在空间舒适性方面，自然要素占比较为适中，天空要素空间分布较为均衡，整体绿化水平较低；在空间安全性方面，视域空间安全感有待提升；在空间丰富性方面，行人视觉信息较为复杂，街道空间要素线条较为丰富，视觉复杂度较高，建筑界面形态较为破碎，存在一定的视线遮挡，外部形状指数东高西低，街道空间光影、材质、肌理较为丰富且空间分布均衡。

（3）影响因素分析。

由回归分析可知，街道空间要素类型及特征均会对视觉感知产生不同程度的影响。其中，建筑界面围合度、天空开阔度、机动车出现率对视觉感知具有负向影响，绿视率、机动车道占比、人行道占比、行人出现率、外部形状指数、计盒维数和二维熵对视觉感知具有正向影响。

（4）视觉环境构成差异分析。

本研究基于街景要素构成差异和主观感知评分成果选取典型案例街道开展实地调研，对视觉感知与生活性街道空间视觉环境的关系进行细粒度研究，对开放性街道、舒适性街道、安全性街道和丰富性街道的特征进行总结。

6

生活性街道空间视觉环境
优化建议

由不同构成要素为主导的生活性街道模式展现出独特的空间特点和形态，城市中多样化的生活性街道模式共同构成了丰富多样的街道空间，形成了多元且富有活力的城市空间。基于上文对生活性街道空间视觉环境的整体评价和典型案例街道视觉环境的差异性分析，本章在提出生活性街道空间视觉环境优化策略框架的基础上，结合上述视觉环境得分较低的 4 条典型案例街道，解决局部视觉环境感知较差的问题。

6.1　生活性街道空间视觉环境优化策略框架

6.1.1　视觉环境分类与提升目标

6.1.1.1　视觉环境分类

首先，本研究所指的生活性街道是行人可以通行的街道，具体包括城市主干道、次干道、支路；其次，本研究结合对生活性街道空间视觉环境的差异性分析将生活性街道分为开放性街道、舒适性街道、安全性街道和丰富性街道四类，分类依据如表 6-1 所示。

表 6-1　生活性街道空间视觉环境分类

视觉环境分类	分类依据
开放性街道	1. 建筑密度高：高层建筑密布，内部建筑多以商业、金融等属性为主的生活性街道 2. 底层空间通透性较高：底层建筑以开放性界面为主，与行人互动性较强
舒适性街道	1. 绿化率高：丰富的沿街绿化植物是营造舒适景观的前提 2. 街道氛围舒适自然：丰富的自然要素营造了舒适的街道氛围，给行人带来放松宁静的感受 3. 步行空间安全可行：机动车干扰较少，具有独立的步行空间 4. 街道配套设施完善：完善路灯、垃圾箱等基础设施，部分路段设置休憩座椅
安全性街道	1. 交通体系高效：机动车占比较高、交通性较强的生活性街道，将不同的城市功能片区高效连接，增强对外联系，适应使用者便捷出行的需要 2. 功能相对单一：街道周边用地功能相对单一 3. 天空视野极佳：两侧沿街建筑相隔距离较长，车行道较为宽阔
丰富性街道	1. 公共服务设施密布：沿街的公共服务设施比重较高，多混合于建筑单体中，在空间分布上较为均衡 2. 人群活动高度聚集：街道空间功能多样，能够满足各群体的需要，进而实现更大规模的人群聚集

（资料来源：作者自绘）

6.1.1.2 视觉环境提升目标

行人对不同视觉属性的生活性街道的需求不同，设计师应在界定生活性街道视觉属性的基础上，统筹街景构成要素，对其进行分类管控，优化生活性街道空间视觉环境。开放性街道和舒适性街道应减少个体在视觉信息处理方面的难度，管控建筑立面和绿化要素，以营造视觉环境开放性和增强视觉环境舒适性的方式，降低视域空间认知负荷，优化视觉环境。安全性街道应重点关注交通、路面车辆信息等外在信息对行人或驾驶员的干扰。丰富性街道应重点保障视觉信息的协调性和通透性。针对以不同构成要素为主导的生活性街道，本研究提出以下四个视觉环境优化目标：

①打造视野宜人、层次丰富的开放性街道；

②打造景致优美、绿化多样的舒适性街道；

③打造空间安全、体验丰富的安全性街道；

④打造印象多元、视觉协调的丰富性街道。

6.1.1.3 街道综合优化建议

通过对生活性街道的差异性分析，本研究明确了各类生活性街道空间视觉环境的主要影响因素。结合街道设计导则及缪岑岑的研究，本研究对四类生活性街道空间视觉环境分级提出优化建议（表6-2）。一级建议以规范或条文的形式发布，具有较强的执行力度；二级建议通常为建议条例，根据实际情况选择实施；三级建议是主要针对局部路段或重要节点的具体调控策略。

表6-2 四种主要模式的综合优化建议表

优化建议	空间开放性	空间舒适性	空间安全性	空间丰富性
一级建议	合理控制街道两侧建筑尺度及组合方式	制定不同类型、等级的街道绿量标准	梳理街道结构，清除街道障碍	细化第一轮廓，优化种植间距
二级建议	完善建筑底层空间，管控建筑立面材质、色彩等要素	鼓励不同街道的差异性绿化方式	细化街道设计，满足特殊群体的需求	规范立面秩序，统一沿街商铺的招牌色彩及样式
三级建议	结合绿化、街道家具等要素丰富空间层次，进行美化遮挡	配置舒适宜人的街道家具	完善道路设施，强化街道导向	重点地段采用交互设计、营造积极空间

（资料来源：作者自绘）

空间开放性优化建议主要包括合理控制建筑尺度及组合方式、完善建筑底层空间和丰富空间层次三个方面。通过优化建筑体量和组合方式营造街块建筑布局的高低错落关系，提高街道空间层次感；根据不同属性建筑灵活地采用交互休息平台，加强不同空间之间的连通性，降低行人视觉感知复杂度；保证街道空间通透性，结合街道视觉要素（如绿化植被、街道家具等）增加视线深度。

空间舒适性优化建议主要包括绿化布局合理、绿化配置多样、街道家具舒适三个维度。依据不同街道的类型和等级，制定科学合理的绿量标准，优化街道整体绿化布局，并考虑树冠大小与人行道和建筑体量的协调性；促进各街道绿化种植的差异化，通过优化街道植物种植配置，增强街道视觉形象的可辨识度；聚焦关键景观节点打造，通过立体绿化、动态绿化等方式丰富景观层次。

空间安全性优化建议主要通过合理划分路面空间、设计不同层级的户外信息、排除次要外在信息的干扰，优化视觉感官刺激，具体包括梳理道路结构、细化街道设计和强化街道导向三个方面。调整人行道和车行道，确保行人视觉安全，按相关规范的要求拓宽狭窄的街道，对较宽的人行道采取分隔措施，确保行人安全；以规范行车秩序为主，根据现状因地制宜制订具体的弹性停车规划方案，控制机动车在人们视野中的占比，提供舒适安全的通行空间；完善道路设施，将街段中冗杂的杆件进行多杆合一，以道路照明灯杆为基础，将灯杆与交通设施杆、道路指示牌、标识牌等整合在一起，减少占地面积、美化环境，减少冗杂的信息对视觉的干扰。

空间丰富性优化建议主要基于行人视域内接收信息的视域范围展开，具体包括细化第一轮廓、规范立面秩序和营造积极空间三个方面。制定统一的城市风貌规划设计指南，管控城市街道风貌，确保街道风格协调，同时保留街道特色和个性，加强与整体环境之间的共鸣；统一建筑立面招牌和色彩，悬挂的户外广告不宜过多，确保其数量与内部建筑室内空间一致，在色彩运用方面注重与环境色彩的协调性；营造积极空间，激发行人在街道上进行自发性活动和社会性活动的热情，并通过3D裸眼广告、AR增强现实等交互设计对行人进行多维度的刺激，以强化个体对外部视觉信息的接收和处理。

6.1.2 开放性街道优化建议

开放性街道视野较为开阔，街道界面通透性较好，两侧建筑多为商业建筑和高层住宅。这类街道更关注空间开放性，行人对其的感知评价与空间开放程度密切相关。高密度的城市空间常使行人感到压力，随着建筑密度的增加，街道空间开放性受限，行人更难有效处理视域中的视觉信息。因此，开放性街道应在满足街道景观绿化水平、街道风貌协调和道路布局合理的基础上，重点关注建筑空间。设计师可以从控制建筑尺度、完善底层空间和丰富空间层次三个方面营造视域空间的开放性，打造视野宜人、层次丰富的开放性街道（图 6-1）。

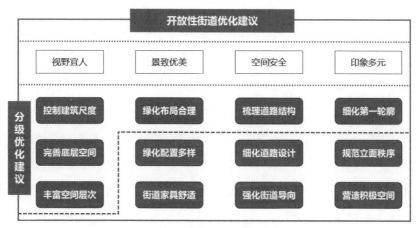

图 6-1　开放性街道优化建议
（图片来源：作者自绘）

6.1.2.1　控制建筑尺度

营造视觉环境开放性时，设计师应注意街道高宽比、沿街建筑尺度等因素。视域内建筑尺度应尽量保持协调；沿街建筑的形状或体量应相似，在空间上延续，并具有一定的规律性。同时，设计师应避免出现大量天空留白或高楼林立导致天空不可见的情况。控制建筑尺度具体体现在以下三个方面：优化街道宽高比、提高街道辨识度和优化建筑组合方式。

（1）优化街道宽高比。

在设计街道界面时，调整建筑后退红线的距离是一个重要的手段，可以控制街道空间的宽高比（D/H），使宽高比处在一个合理的值域范围。这不仅能够保障街道空间利用的合理化及有效性，还能有效避免大体量建筑给行人带来压抑感。此外，设定合理的建筑密度与绿地率，能够平衡街道空间的开敞性与生态性，为市民提供一个既宽敞又绿色的街道环境。同时，限定建筑高度并引入近人尺度的界面设计，可以削弱高层建筑对街道造成的压抑感，从而营造出更加宜人的步行空间。例如，在高层建筑地块的设计中，设计师可以采用近人空间范围内的建筑界面高度来有效围合街道，同时对上部主体建筑采取退台的设计手法。这种设计手法能够降低高层建筑对街道的压抑感，使街道空间更加宜人，是街道界面设计中值得推广的做法（图6-2）。

（2）提高街道辨识度。

在规划时，设计师要精细控制建筑尺度，通过功能分区和业态布局来形成特色商业氛围；注重建筑立面和细部设计，利用个性化造型和材质来提升辨识度；增设街道家具和景观小品，增强文化氛围；注重人性化设计，满足行人的需求。这些综合措施可以实现街道空间与建筑尺度的和谐统一，显著提升街道的辨识度和吸引力。例如，对店面的门窗、檐口、装饰线条等细节进行精心处理，可以提升街道的整体品质；在街道空间中，适当设置座椅、照明灯具、雕塑、花坛等街道家具和景观小品，可以打破单一的线性空间布局，提高街道空间的趣味性和丰富性。

（3）优化建筑组合方式。

在增强街道空间层次感方面，设计师应注重在沿街建筑布局中营造高低错落的关系。例如，高低错落的建筑物尤其适合沿河或沿江的街道，能够呈现出优美的天际线。对于内部街道，设计师应重点关注沿街建筑的秩序感，营造高可视性的空间。具体的空间策略包括增设沿街景观墙，结合沿街建筑界面的变化打造眺望远方建筑的视廊，并保持视域内建筑顶层轮廓的连续性（图6-3）。

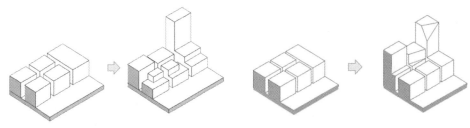

图6-2　退台式建筑示意　　　　　　　　图6-3　优化建筑组合方式
（图片来源：作者自绘）　　　　　　　　（图片来源：作者自绘）

6.1.2.2　完善底层空间

建筑底层空间是个体在街道空间中进行信息交互的重要媒介，承载着个体停留、休息及互动等多种功能，可以在一定程度上满足个体的社交需求。

（1）设置交互平台。

在单体建筑设计中，设计师应根据建筑属性灵活地设置交互休憩平台。对于商业建筑，设计师可以将底层空间部分开放，设置露天茶座和半开放花园，以增强底层空间的交互性和流通性。对于办公建筑和金融建筑，设计师可通过软隔断设计的方式，打破建筑底层空间内外界线，使底层空间更加通透、开放，进而促进建筑与个体之间的信息交流（图6-4）。

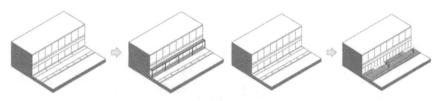

图6-4　根据建筑底层界面与街道界面设计灰空间

（图片来源：作者自绘）

（2）塑造立体空间。

在综合考虑尺度与空间控制、交通组织、立体绿化以及界面设计等多个方面后，设计师致力于创造出既舒适、安全，又美观、富有层次感的街道环境，从而实现街道空间的整体性和连续性，提升城市的整体形象和市民的漫步体验。例如，在街道两侧设置立体绿化（如悬挂式绿化、墙面绿化、屋顶绿化等）可以增大绿化面积和增强层次感（图6-5）；强调建筑立面的设计，运用材质、色彩、光影等手段可以创造具有特色的立面效果。

（3）优化商业前导空间。

生活性街道空间两侧以沿街商铺为主，商铺界面与步行空间的融合程度对空间场景的丰富性和层次感具有重要影响，并且直接影响行人与商铺之间的视觉交流质量。相关研究表明，建筑前导空间的规划布局对行人的多种心理感知具有显著影响。因此，为了提升街道空间形态的整体品质，并加强行人与空间之间的交流与互动，设计师应着重关注建筑前导空间的精细化设计。在优化策略方面，设计师可根据商业前导空间

图 6-5 立体绿化形式

（图片来源：https://oss.gooood.cn/uploads/2023/06/006-Nishikicho-Trad-Square-by-Yoshiki-Toda-Landscape-Architecture-960x720.jpg；https://oss.gooood.cn/uploads/2017/11/5%EF%BC%8DCarpenters-Garden%EF%BC%8DSEs-Landskap-960x1318.jpg）

尺度设置不同场景空间体验。例如，商业前导空间宽度在 4 m 左右时，可设置商业外溢区，布置一些外延遮帘、吧椅、花坛、标识系统等；商业前导空间宽度为 10~15m 时，可设置商业外摆、增加活动场所、配套休息座椅等设施，活化街道空间（表 6-3）。

表 6-3 商业前导空间优化策略

类型	优化前	优化后	改造后效果图
商业外溢			
商业外摆			

（图片来源：http://www.huaxi100.com/a/095jtode83e；https://www.sohu.com/a/591403554_152615）

6.1.2.3 丰富空间层次

（1）优化街景要素。

对于街道重点路段，设计师可以通过调整视域范围内的街景要素丰富空间层次，增加视线深度，减弱高密度建筑带来的压抑感。针对较为狭窄的生活性街道，设计师可通过建筑后退或设置退台等方式，使居住部分与底部建筑保持一定距离，这有助于减少视域内建筑物带来的视觉拥堵感，满足行人的视觉需求。对于体积偏大的已建成沿街建筑及尺度失调的街道，设计师可通过增植乔木遮挡视线、增加裙楼丰富空间层次和增加店招形成二次轮廓线等措施来进一步丰富空间层次（图6-6）。

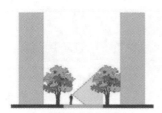 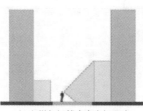 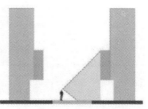

（a）增植乔木遮挡视线　　　（b）增加裙楼丰富空间层次　　　（c）增加店招形成二次轮廓线

图6-6　丰富街道空间层次
（图片来源：作者自绘）

（2）控制建筑界面比例。

当沿街商铺占比过高时，界面通透性降低，侧界面显得封闭，这可能导致行人产生围合感强的负面体验。在布置格栅等通透界面存在困难时，设计师可考虑将沿街商业转角处店面设计为开放的休憩、绿化空间，或采用沿街侧界面铺设垂直绿化的方式，以打破大面积商业界面带来的沉闷感。反之，沿街商铺比例较低可能导致街道空间显得冷清，从而对行人的安全感产生负面影响。此时，设计师可在通透格栅处嵌入小型商业空间或设置移动商业设施，既可以增加商业界面，又可以丰富格栅界面的视觉效果，从而提升整体街道空间的商业活力（表6-4）。

表 6-4　界面通透性优化策略

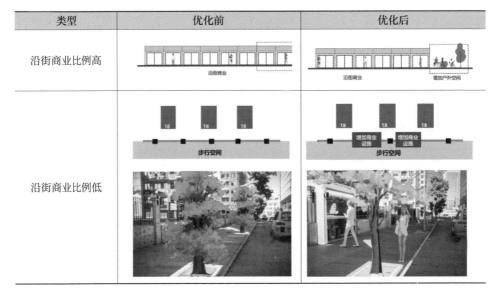

类型	优化前	优化后
沿街商业比例高		
沿街商业比例低		

（图片来源：作者自绘）

6.1.3　舒适性街道优化建议

舒适性街道是注重街道环境和设施对行人身心舒适感受的营造的街道类型，通常分布于城市绿地或水域周边。舒适性街道呈现出一种自然、轻松、愉悦的视觉环境氛围，可以为行人提供良好的休闲、交往和活动的场所。舒适性街道注重生态环境的营造，通过增加绿化面积、选择乡土树种和打造多层次绿化空间，为行人提供清新宜人的环境；强调人文关怀，通过设计人性化的设施、融合当地文化元素和打造互动性强的景观小品满足人们的精神需求，增强街道的归属感和凝聚力。

同时，舒适性街道在保障交通顺畅的基础上，兼具休闲、交往、娱乐等多种功能，为行人提供多样化的活动选择，真正实现了街道空间与人的和谐共生。因此，舒适性街道应在满足控制建筑尺度、街道风貌协调和道路布局合理的基础上，通过制定街道绿量标准、合理布局绿化空间及打造多层次绿化提升街道视觉舒适性。提升街道环境舒适性具体可以分为绿化布局合理、绿化配置多样、街道家具舒适三个方面（图6-7）。

6.1.3.1　绿化布局合理

绿化布局是舒适性街道设计的重要组成部分。在进行街道绿化布置时，设计师应

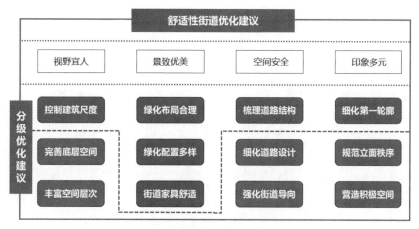

图 6-7 舒适性街道优化建议

（图片来源：作者自绘）

全面考虑街道整体功能与布局，根据街道实际建设情况，因地制宜，制订绿化方案。同时，设计师应充分考虑不同绿化形式和功能，如绿化带可用于组织交通流线、行道树具有卫生防护功能、沿街绿地能够美化环境等。绿化布局合理具体体现在以下三个方面：充分利用绿化空间、因地制宜的绿化布局和街道断面景观布局。

（1）充分利用绿化空间。

当街道中无法大量增加绿化时，设计师可以在道路旁或空地设置小型公共绿地、小微公园与街道园林景观，采用化整为零的方式，将绿化元素融入城市肌理。设计师应避免形式过于单一，运用小块状和条状的绿化布局扩大单位绿化面积的绿化边界，提升行人的舒适度（图6-8）。同时，设计师在设计这些小型绿地和公园时，要注重其有机联系，形成一个相互呼应、和谐统一的绿化系统。这些绿化空间不仅能够为居民提供休闲娱乐的场所，还能有效地增加城市的绿色覆盖面积，改善城市的生态环境。

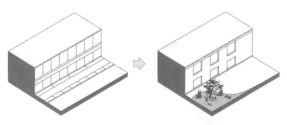

图 6-8 街角公园等活动空间与植被结合布置

（图片来源：作者自绘）

（2）因地制宜的绿化布局。

因地制宜的绿化布局是确保城市街道绿化效果的关键。针对街道的不同功能区域，如商业区、居住区、工业区、行政办公区和文化娱乐区，设计师应制订不同的绿化布局方案。商业区宜采用盆栽、花坛等灵活绿化形式，选择色彩鲜艳的花卉；居住区应形成多层次绿地系统，选择降噪、防尘植物；工业区应注重绿化带和隔离带建设，选择抗污染植物；行政办公区应以规则式布局为主，营造庄重环境；文化娱乐区应追求开放式绿地，选择具有观赏价值和文化价值的植物。设计师通过合理布局，实现美化环境、提升生活质量的目标。

（3）街道断面景观布局。

街道断面景观布局应综合考虑交通流量、行人安全、绿化效果及城市特色。首先，设计师要确保机动车道、非机动车道和人行道的功能性，同时设置清晰的交通标志和标线以保障交通流畅。其次，人行道两侧应设置行道树和公共设施，以提升行人的舒适度。绿化带是街道的重要组成部分，应种植丰富的植物，形成层次丰富的景观效果。交叉口处应进行渠化处理以提高通行能力，并设置行人二次过街安全岛。最后，照明和设施布局应合理，确保夜间行车安全和行人安全。整个布局方案旨在打造既实用又美观的街道环境，同时注重可持续发展，提升街道舒适性（图6-9）。

| 车行道 | 休憩活动 | 穿行活动 | 娱乐活动 | 植物景观 | 购物活动 | 店铺 |

图6-9　街道断面活动空间与植被布局

（图片来源：作者自绘）

6.1.3.2　绿化配置多样

打造舒适性街道时，设计师致力于提高整体绿化率，通过大量植被来提升街道的品质和居民的幸福感。然而，仅追求高绿化率并不一定能够带来预期的舒适效果。园林树种单一、景观色彩不够丰富，会导致街道绿化景观效果大打折扣，无法满足居民的感官需求及舒适的场所体验感。因此，在街道绿化中，设计师应注重丰富绿化配置以提升空间层次性。绿化配置多样具体包括多元化植物配置和增设立体绿化。

（1）多元化植物配置。

街道绿化丰富多样能激发行人的兴趣，促进行人产生积极情绪，显著增强环境吸引力（图6-10）。街道绿化是街道景观的重要组成部分，其多样性能够极大地提升街道的生态环境质量和视觉美感。在树种选择方面，设计师应优先考虑经济效益，以

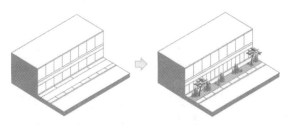

图 6-10　丰富街道绿化
（图片来源：作者自绘）

乡土树种为主要选择。乡土树种能够较好地适应当地气候，有助于维护当地自然生态系统安全稳定，能够在不同季节发挥良好的生态功能，改善街道微气候。在行道树选择方面，设计师要考虑地区特点、树冠大小及其与周边环境的协调性。较宽的生活性道路推荐选用树冠较大的乔木，可以凸显道路顶点位置，强调道路的走向，形成有序的空间序列，有助于提升行人的舒适感；较窄的生活性街道推荐选择树冠较小的观赏性灌木，可以减少对两侧建筑的遮挡，确保道路空间开阔。种植不同种类、不同形态、不同色彩的植物，可以营造层次丰富、色彩缤纷的绿化景观（图6-11）。植物配置和布局合理，注重乔木、灌木、地被植物的搭配，形成错落有致、层次分明的绿化空间，可为行人提供舒适的视觉体验。

（2）增设立体绿化。

行人在通行过程中对立体绿化的感受更为直接。由于建筑高度和街道宽度受多种因素影响，对其进行调整不符合实际情况，设计师可以利用植物对建筑进行局部遮挡，缓解建筑密集产生的封闭感（图6-12）。建筑物以实体存在，植物具有轻盈的特性，巧妙运用植物的轻盈特性可以有效减弱建筑给行人带来的压抑感，可以通过虚实结合

图 6-11 层次丰富的街道绿化
（图片来源：街道照片）

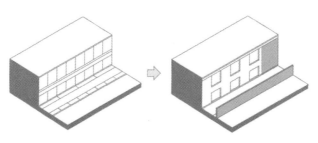

图 6-12 立体绿化
（图片来源：作者自绘）

实现街道空间均衡和谐，从而带来宜人的空间体验。此外，设计师可以通过垂直花园、绿色隔离带、垂直种植墙、绿色屋顶等方式，从微观层面提升街道绿视率。适当增加街道墙体和屋顶绿化，结合社区农业、雨水花园进行设计，可以形成可观赏、可体验的多功能植物景观。这种设计不仅可以增加街道的绿化面积，还可以提升街道的生态环境质量和视觉美感。

6.1.3.3 街道家具舒适

街道家具是街道景观中的点睛之笔，其趣味性和艺术性能够为街道增添活力和魅力。舒适性街道的设计应注重美观和协调，通过丰富的景观搭配和独特的文化内涵，营造具有特色的街道风貌，为街道增添独特的魅力和活力，使街道空间更加宜人和吸引人。

由于不同街道家具的差异性较大，结合类型学的分类方法，街道家具根据功能属性分类（表6-5）。街道景观不仅是城市形象的展示窗口，而且是文化传承的重要载体。

因此，在丰富街道景观搭配时，设计师应充分考虑当地的文化特色和历史底蕴，将文化元素融入景观设计。在街道景观小品设计中，设计师应注重趣味性和艺术性的结合。例如，设计师可以在街道景观小品、雕塑等细节设计中融入当地特色文化符号和图案，展现历史文化。同时，连续、富有设计感的铺地景观，也能极大地改善和提升街道景观环境。设计师可以通过设计独特、富有创意的景观小品，吸引行人的目光，增加行人的停留时间，促进社交互动和文化交流。设计师可以采用生动的形态、丰富的色彩和独特的材质，并考虑行人的使用需求和行为习惯，设计具有实用性和互动性的景观小品，让行人在欣赏美景的同时，感受街道的温馨和舒适。同时，设计师还可以设置文化墙、文化广场等空间，为居民提供了解和学习本地文化的场所。

表 6-5　街道家具分类一览表

分类	内容	设计意向
公共服务设施	座椅、廊架、凉亭、售货亭等	
公共信息设施	路牌、导视牌、电话亭、邮筒等	
公共交通设施	护栏、铺装、地下通道、候车亭等	
公共卫生设施	垃圾桶、洗手器、饮水器等	

（图片来源：网络）

6.1.4　安全性街道优化建议

安全性是需求理论中最基本的原则。空间安全性主要受个体安全感知需求的影响，不同行为主体在不同情境下对安全感知的需求是不同的。随着街道中车流量的增大，行人注意力的需求也逐渐提升。空间安全性主要受街道空间道路占比、机动车出现率和行人出现率影响。道路占比和行人出现率与空间安全性正相关，机动车出现率与空间安全性负相关，即街道空间中车辆的占比越低，空间的安全性越高，对于视觉环境感知越好。安全性街道优化建议包括梳理道路结构、细化道路设计、强化街道导向三个方面（图 6-13）。

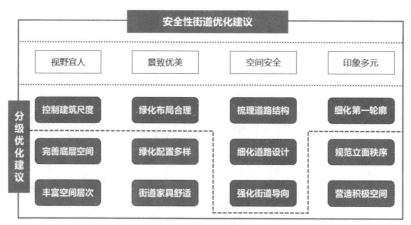

图 6-13　安全性街道优化建议

（图片来源：作者自绘）

6.1.4.1　梳理道路结构

（1）梳理人行道结构，保障步行宽度。

生活性街道依据人行道使用情况和宽度划分为设施带、步行通行区和建筑前区，分别满足设施放置、步行出行和与建筑紧密联系的空间活动需求（图 6-14）。街道较窄时，可适当调整分区内容：当仅有步行通行区时，优先满足行人的步行需求，保障通行安全；当有步行通行区和建筑前区时，保障沿街店铺正常营业和居民排队购物的需求，使活动顺利开展，步行通行区宽度满足要求（表 6-6）；当有步行通行区和设施带时，设施应当集约并进行针对性设置，布置利于休息、缓解出行压力的休憩节点并创造同龄人群交往的活动场地，避免非机动车集中停车点与老年人的流线冲突；

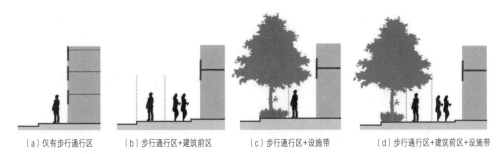

| (a)仅有步行通行区 | (b)步行通行区+建筑前区 | (c)步行通行区+设施带 | (d)步行通行区+建筑前区+设施带 |

图 6-14　人行道分区图

（图片来源：作者自绘）

当有设施带、步行通行区和建筑前区时，步行通行区宽度应基于行人需求，依据周边业态类型、道路等级、开发强度等，因地制宜设置。

表 6-6　生活性街道步行通行区宽度建议

道路等级	步行通行区宽度 /m	
	推荐宽度	困难条件
次干道	3.5	2.0
支路	3.0	2.0

（资料来源：《武汉市城市街道全要素规划设计导则》）

（2）清除人行道障碍，形成连续步行系统。

针对机动车占用人行道的问题，设计师可通过划分停车时段、设置固定停车位和倡导公益停车方式引导机动车规范停车，确保步行系统的高效连通。生活性街道商业设施众多，消费者为了方便前往，一般占用饭店、便利店、理发店等底商前区空间停车，使人行流线受阻。针对此类情况，设计师可划分固定车位和人行通道区域，严格限制停车空间，确保行人顺利通行（图 6-15）；若建筑前区空间逼仄，划定人行空间不足以保证通行，设计师可设置过街斑马线和标识，引导行人前往街道对侧通行。设计师可以采用公建类建筑夜间停车共享方式，适当开放部分公建类设施的夜间车位，允许私家车夜间停车，盘活停车资源，有效解决停车困难问题。

针对机动车占用小区出入口停车问题，设计师可以设立阻力桩，缓解行人主要活动空间和步行空间被占用现象。由于机动车停放占用步行空间，步行空间变得更加狭窄。行人易在小区出入口停留、聊天，机动车随意停车易对空间的通达性造成负面影

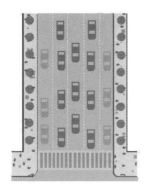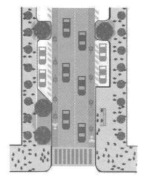

图 6-15　合理划分停车位
（图片来源：作者自绘）

响，不仅占用消防通道，留下安全隐患，而且阻碍行人日常通行，使其必须绕道行走。设计师可以使用禁止停车标识，在出入口处设置升降挡车桩，确保入口空间的专属性，同时提高步行空间的可达性。

　　为满足老年人的步行需求，步行空间应设置人行横道和无障碍坡道，同时应避免机动车降速带对老年人步行的干扰。车行坡道和步行道的连接处理应平整，避免形成老年人步行的高差障碍，提高老年人步行的顺畅度和识别性。为保障老年人的无障碍通行，步行空间应设置完善的过街设施、引导标识和安全设施，并降低信号灯速度（图6-16）。在适当的情况下，人行横道和十字路口的纹理铺设材料可以为有视觉障碍的

① 在人行横道或安全岛放置一个按钮，以便移动速度较慢的行人在一个周期内无法过马路时发出信号。

② 平坦且光滑的行人通道表面，提高使用轮式移动设备的人的舒适度。

③ 每个路缘坡道必须包括一个供轮椅机动着陆/转弯的空间和一个可检测的警告表面，以提醒有视觉障碍的行人正在进入或离开道路。

图 6-16　过街设施示意图
（图片来源：作者自绘）

人提供触觉提示，清晰的大字体标识可以帮助老年人轻松地浏览信息。设计师还可以优化交叉口空间，营造小广场等适合老年人活动的场所，提高老年人步行的舒适性和愉悦感。

6.1.4.2 细化道路设计

（1）加强路面的防跌倒设计。

考虑儿童和老年人等特殊人群的步行安全时，部分生活性街道的地砖损耗成为值得考虑的问题。为了解决这个问题，设计师在设计中应该进行防跌倒的专项设计。设计师要加强道路铺装的平整度，而不是通过使用防滑铺装等方式来防止特殊人群摔倒。步行空间的铺装对特殊人群的安全具有很大的影响，因此场地的铺装要选择平坦、防滑、透水性好的材质，拥有摩擦性和弹性。铺贴要平坦，过渡要自然，以防出现过大的缝隙，对特殊人群造成不便或造成绊倒事故（表6-7）。

表6-7　道路铺装设计要点

材质	设计要点
石板或者混凝土	1. 接缝小，可以减少可能造成的磕绊 2. 排水性能良好，冰雪融化时能很快将水排出路面，降低地面再次结冰的速度，防止水、冰在路面上转化 3. 降低使用不同材料造成的高差，当高差为 0.64~1.3 cm，应当设置斜坡
水泥砖、透水砖、PC 砖、花岗岩、陶瓷透水砖等	1. 平整、防滑且不刺眼 2. 铺装美观，能增强路径方向感和节奏感

（资料来源：作者根据文献整理）

（2）有高差处设置缓坡并增加护栏。

老年人步行呈现抬脚高度低、走路摇晃、挪动、跛行等特征，设计师要减少台阶设置，设置全面覆盖的无障碍通行系统，必要时增加护栏（图6-17）。老年人对步

图6-17　有高差处设置防护栏和标识提示
（图片来源：作者自绘）

行道高差非常敏感。路缘石的高度是导致步行道高差的主要原因之一。道路交叉口和人行过街横道等通行区域存在高差时，应该设置坡道以平顺过渡，路缘石坡道的有效通行宽度应该大于或等于人行横道的宽度。商铺出入口等易出现高差的区域，应当设置无障碍坡道并配栏杆。老年人面对台阶等障碍时，感知能力可能会下降，从而忽视步行中的潜在危险。因此，设计师应通过易识别性处理，采用色彩艳丽的标识来提示老年人，引导他们步行。在道路指示、公交信息等具有导向性的街道标识系统中，标识应设置在显眼的位置，高度为 1.1~1.8 m。

有高差处应加强护栏建设，栏杆下方应设安全阻挡设施。扶手的设置应充分考虑人体工程学，依照老年人的状况设计，细节设计也应遵循老年人的日常使用习惯。在优化老年人步行环境时，设计师应重视安全防护设施的设置和可靠性，防止老年人在坡地、台阶等区域发生危险。一些养老设施的扶手端部未经过处理，可能会勾住老年人的衣袖或提包带，导致跌倒等严重后果。因此，扶手端部应采用向墙壁内侧或向下弯曲等方式进行处理，不仅可以避免勾住衣袖，还可以提醒老年人扶手已经中断，提醒他们需要调整行走姿势或使用其他辅助设施。同时，设计师在进行设计时必须进行安全测算，以确保老年人的安全。

（3）完善特殊空间无障碍设计。

公交车站是老年人乘坐公共交通工具的重要场所，为了提供更好的候车环境，设计师要采取措施来改善公交车站的设施和服务（图 6-18）。首先，设计师在设计公

图 6-18 设置盲道和轮椅通道的公交站
（图片来源：作者自绘）

交车站时应考虑遮阳和遮雨措施，如在顶部和侧面设置顶棚和围挡并设置座椅。其次，在视听方面，公交车站应配置醒目的电子信息系统，展示站台信息并提供公交车的行进播报，以方便老年人的使用。再次，公交车站的基础设施要满足老年人在候车时的需求，如提供休息座椅和设置列车实时信息共享设施，以缓解等候时的疲劳、提高乘车舒适度。为增加候车的趣味性，休息座椅可采用明艳的色彩和有创意的几何形状，与广告牌一体化设计。最后，设计师应特别注意设置无障碍公交站，使老年人和残疾人能够方便地使用公共交通服务。

（4）增加自然监控力量。

简·雅各布斯认为，改善空间的治安水平主要在于设置"街道眼"来增加自然监控力量。老年人常去的街道活动处和人行标线处应利用植物配置增强视野通透性，使街道微空间在人们的视野之中，增强街道空间的自然监控力量，以增强老年人心理的安全性；人行标线处应配置街道志愿者，辅助维持街道秩序并帮助弱势群体出行。沿街建筑鼓励设置生活服务型商业以及社区公共服务设施，增加沿街出入口数量，提供夜间的"街道眼"（图 6-19）。

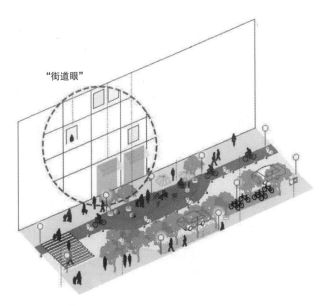

图 6-19 "街道眼"
（图片来源：《上海市街道设计导则》）

6.1.4.3 强化街道导向

行人喜爱四处"游走"，生活性街道空间要素较多，行人可能会逐渐失去定向能力和对空间形状的判断力。设计师应尽量提供清晰的指示和单向路径，帮助行人更容易地定位与导航。

设计师可以通过设置不同的地面铺装增强步行街道的导向性（图 6-20）。为满足不同人群的使用需求，设计师应考虑增强户外空间环境的导向性和识别性。具体措施如下：加强对出入口的管理，避免过多的出入口并提高其识别性；积极引导行人的"游走"行为，如将场所设置在行人常常"游走"的路线周围，通过对"游走"行为进行组织，使行人在"游走"过程中产生有意义的行为；通过显著的色彩、地面铺装的变化以及独立且方向性强的路径等手段，对空间的方向进行引导。

图 6-20 设置不同的地面铺装
（图片来源：作者自绘）

步行道上的标识应采取易识别性处理，如使用醒目的颜色和标志，以便有效地引导行人的步行行为。在为行人的步行道选择颜色和标志时，设计师必须考虑不同人群的视觉能力和偏好。老年人的衰老过程会导致视力、色彩辨别力和对比敏感度的下降，因此设计师应使用高对比度的颜色，如黑白或黄黑，以提高可见度和可辨识度（图 6-21和图 6-22）。此外，设计师应避免使用色调或饱和度相似的颜色，这可能会造成混淆，

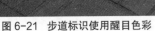

图 6-21　步道标识使用醒目色彩

图 6-22　街道设施使用醒目色彩

使行人难以区分不同的标志。设计师还应使用与所传达信息相关的简单、可识别的符号。标志的位置和大小也是重要的考虑因素，标志应放置在与眼睛水平的可见和可及的位置，并且尺寸适当，便于阅读。通过纳入这些设计元素，步行道上的标志可以有效地指导行人的行为，并改善他们的整体行走体验。

6.1.5　丰富性街道优化建议

丰富性街道是在满足基本交通功能的基础上，通过多元化的空间布局、景观设计、功能设施以及人文活动，创造出的具有吸引力和活力的城市公共空间。丰富性街道公共服务设施密布，人群活动高度聚集。在这类街道中，行人视域内接收的信息较为丰富，空间要素较为多元，街道界面的轮廓线、品质协调程度、细节丰富度等都是需要关注的方面。丰富性街道优化建议包括细化第一轮廓、规范立面秩序和营造积极空间三个方面（图 6-23）。

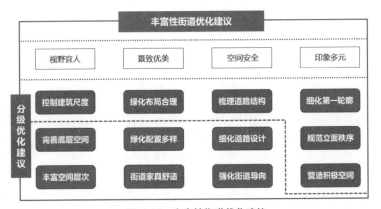

图 6-23　丰富性街道优化建议

（图片来源：作者自绘）

6.1.5.1　细化第一轮廓

划分建筑外部和内部的边界线是街道的第一轮廓，它对街道空间视觉环境有重要的影响。细化街道第一轮廓能够降低行人视觉复杂度，增强行人的视觉感知。杂乱无序的信息会加重混乱感，使行人感到不适。因此，有必要细化街道第一轮廓，降低视觉复杂度，具体来说应重点关注街道两侧的建筑界面、行道树、实墙、人行道及其铺装等。

（1）细化界面设计，提升建筑连续性。

沿街建筑构成了街道空间第一轮廓。首先，沿街建筑可以采取相同的布局方式和相似的建筑尺度，采用相似的建筑高度和建筑退界，这些措施有利于形成连续的街道界面，提高沿街建筑的整体辨识度。

其次，在保障整体的轮廓线的基础上，设计师应对沿街建筑 1~2 层和街角、对景建筑进行深化设计，提升其设计品质。沿街建筑底部空间对行人的视觉体验具有重要的影响，是行人可以近距离看到和触摸之处。由观赏距离理论可知，人的视线与水平面的仰角为 27° 时，刚好能够观赏到建筑的整体，此时建筑到人的距离（D）与建筑高度（H）之比约为 2；仰角为 27° ~45° 时，人能够较好地欣赏建筑的细部（图 6-24）。因此，设计师应结合行人的视线需求与步行空间宽度进行深化设计，打造富有韵律、细节饱满的街道第一轮廓。

最后，设计师可以通过增加设计细节和装饰，改变局部的檐口高度、颜色和材质等方式提升街角和街道对景位置的建筑的美学品质。界面颜色应与周边环境色彩相契合，避免使用过于明亮或有刺激性的色彩。

（2）优化种植间距，强化街道辨识性。

除了沿街建筑外，行道树也是街道第一轮廓的重要组成部分。为了增强人对第一轮廓的视觉感知，重要景观道路两旁的行道树应整齐种植，修剪整齐。设计师应注意塑造街道的自然特色，可通过协调树种和种植间距来实现。城市的主要车行道路两侧由多排高大乔木组成街道林荫，较小的城市街道则使用色叶树和花木（图 6-25）。

6.1.5.2　规范立面秩序

建筑立面形式及街道第二轮廓对街道空间视觉环境有直接影响。因此，为保障街道的整体视觉协调性，设计师应通过设计、管控和引导等手段，规范以上要素的秩序。

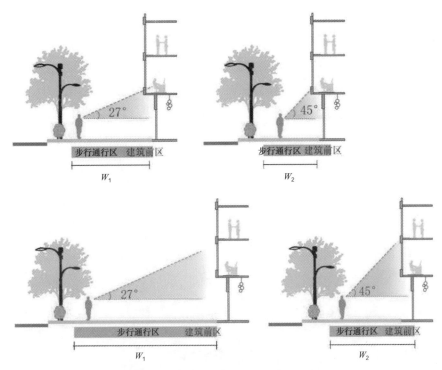

图 6-24　沿街建筑底部空间感知范围示意
（图片来源：作者自绘）

（a）上海外滩街道的第一轮廓　　　　　　　（b）武汉中山大道的第一轮廓

图 6-25　街道第一轮廓示意
（图片来源：https://www.gooood.cn/wuhan-zhongshan-avenue-district-renewal-planning-return-
of-prosperity-china-by-studio-shangha.htm）

　　建筑立面分段形式对街道的视觉协调性有直接影响。建筑立面分段主要是对建筑立面色彩、材质、窗洞样式、窗框装饰、大型橱窗展示内容等进行改变，通常是在二维平面上的变化。例如，在不同段落使用不同的色彩，可以创造出丰富的视觉效果；

利用不同材料的表面质感和反光特性，可以在立面上形成鲜明的对比；设计不同形状和大小的窗洞，以及使用独特的窗框装饰，可以在立面上创造出多样的视觉焦点。对于商业建筑而言，大型橱窗的展示内容也是立面分段的一种有效手段，定期更换的展示内容可以保持建筑立面的新鲜感和吸引力。

街道第二轮廓是指沿街建筑外墙的突出物和临时附加物构成的形态特征。第二轮廓处于行人中景视域范围，其秩序对于行人视觉感知至关重要（图6-26）。首先，设计师应统一广告牌的位置、限制体量、规范样式。广告牌位置应方便行人识读，若独立设置，不得侵占各类使用者的通行空间。其次，外挂附属设施和市政设施应尽量隐蔽安置，采用外景遮蔽、景观设计覆盖、外观喷涂等方式隐藏在周围环境中，如必须暴露，风格应简单低调，布局应井然有序，不影响行人出入空间，不设置在坡屋顶上。最后，各类丧失功能或废弃的建筑外挂设施应及时拆除。

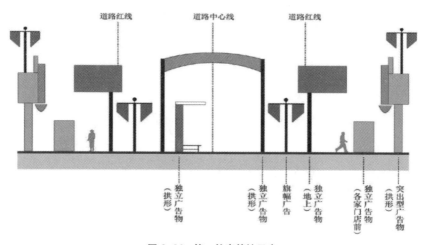

图6-26 第二轮廓管控示意
（图片来源：根据《北京街道更新治理城市设计导则》改绘）

6.1.5.3 营造积极空间

积极空间通常采用半围合半开敞的设计，为行人提供温暖安全的环境，能够有效促进行人在街道中的各类活动（图6-27）。在街道更新过程中，街道特色保留至关重要，街道空间中的各类服务设施、街角广场、标志物等特色元素都应加以保护与利用。

在不影响正常交通活动的前提下，鼓励空间充裕的街道设置售货亭、报刊亭及信息咨询等服务设施。设计师可以通过公共座椅和休憩节点创造室外公共交流场所，鼓

图 6-27 积极场所空间

（图片来源：凡筑设计官网，https://www.gooood.cn/company/fanzhu-design）

励行人逗留，增强街道活力。座椅的种类除了较为常见的正式座位外，还包括非正式的座位，如倾斜的台阶、矮墙和花坛。鼓励设置休憩节点，设置固定座位或活动座位。休憩节点可与设施带、绿地带、停车带结合设置，节点宽度宜大于 2 米，长度宜大于5 米。最后，设计师可以结合街角广场在夜间等交通活动较少的时段开展公共艺术活动。公共艺术活动对设施的要求较低，因此，街道空间可用于临时艺术展览、街头演出、公共行为艺术活动等，有利于丰富城市文化内涵。

6.2　打造视野宜人、层次丰富的开放性街道

为优化开放性街道的舒适环境，选择案例街道主要考虑以下因素：①街道空间视觉环境评价得分较低且位于五环内，底层空间可塑造性强，居民需求较高，急需创造宜人的交往空间；②街道业态配置以居住和零售业态为主，呈现多元化特点，活动人群以周边居民为主；③街道的建筑立面展现出多样化的风貌，新老建筑交相辉映，各种功能类型的建筑并存。本研究最终选取北京市海淀区的蓝靛厂路（图 6-28）作为案例街道。蓝靛厂路位于海淀区曙光街道，属于城市次干道，全长 1.2 km，西起西四环北路，东到蓝靛厂北路。该街道两侧包含居住区、学校、医院及商务办公等功能，建筑较为密集，视域空间开放性亟待提升。

本研究在蓝靛厂路设置采样点，获取街景图像进行图像语义分割，提取街道要素

数据，并选取有代表性的街景图片，从图像和数据中分析街道现状问题。由数据（表6-8）可知，该路段建筑界面围合度、机动车道占比、外部形状指数较大，说明该道路建筑密度较大且机动车较多，绿化及天空占比较低，视域空间开放性较低。

图 6-28　蓝靛厂路街道空间平面
（图片来源：作者自绘）

表 6-8　蓝靛厂路街道空间视觉环境指标表

要素	数据	要素	数据	要素	数据
建筑界面围合度	0.390	行人出现率	0.001	外部形状指数	3.55
绿视率	0.143	机动车道占比	0.310	计盒维数	1.51
天空开阔度	0.130	人行道占比	0.001	二维熵	12.55
机动车出现率	0.040				

（资料来源：作者自绘）

6.2.1　蓝靛厂路现状问题

6.2.1.1　立面新旧交融，建筑尺度失衡

蓝靛厂路建筑立面虽然在形式上丰富多元，但街道两侧包含的老旧住区、学校、医院及商务办公区等使建筑立面存在显著的老旧现象，色彩暗淡且样式单一。传统建

筑形式与现代建筑形式并存，在色彩、尺度等方面形成鲜明的对比，协调性不高。如图 6-29 所示，商铺的立面风格杂乱，缺乏统一规划，部分建筑年代久远，呈现出明显的老旧迹象。此外，建筑立面出现了剥落破损的情况，这不仅影响建筑的美观性，还可能对行人的安全构成潜在威胁。同时，立面污渍也进一步加剧了街道的破败感，使整体街道建筑风貌亟待提升。

图 6-29 蓝靛厂路位置及街道环境示意图
（图片来源：作者自绘）

从建筑尺度方面来看，传统建筑体量较小，新建的现代建筑采用大跨度的钢架结构且体量大，两者尺度的差异在一定程度上打破了街道的整体协调性，使街道景观在视觉感受上显得较为杂乱。同时，街道两侧建筑的平均高度远超行人的视域范围，这会增加行人获取、处理环境信息的难度，导致行人难以直接观察到街道的全貌以及远处的景观。例如：4 号图片拍摄的是蓝靛厂路中段，建筑以中高层为主，建筑界面风貌不统一，色彩跳脱，通透感弱，对行人的感知产生困扰。

6.2.1.2 底层空间宽敞，可交互性较弱

蓝靛厂路在与周边底层空间的交融与互动方面存在显著不足。街道两侧的底层商业业态丰富多样，包括零售、餐饮等多个领域（图 6-30），为居民提供了日常生活所需的便利。然而，多种业态空间随机分布，缺乏统一的布局规划，不仅影响了街道的整体形象、降低了视觉美感，还减少了居民在底层空间停留的时间。

在该街道周边，众多封闭住区的存在导致街道两侧普遍被高高的封闭围栏环绕，

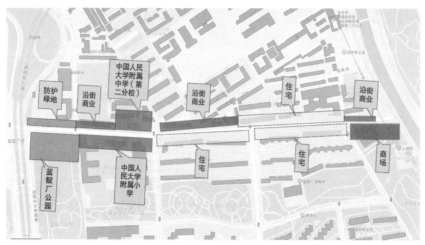

图 6-30　蓝靛厂路沿街环境图

（图片来源：作者自绘）

限制了街道与周边环境的融合，阻碍了视线和空气的流通，使街道空间与周围环境割裂。同时，封闭围栏的广泛使用也极大地削弱了街道的开放性和活力，使街道空间显得封闭、压抑，缺乏生机与活力（表6-9）。

表 6-9　蓝靛厂路街道封闭围墙路段示意图

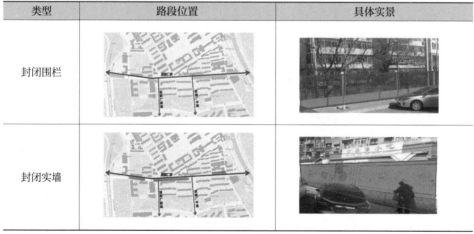

类型	路段位置	具体实景
封闭围栏		
封闭实墙		

（资料来源：作者自绘）

　　尽管部分路段设有宽阔的人行道，满足了消防、交通的基本需求，但这些空间并未与街道两侧用地红线和建筑红线之间的空间形成有机的联系，空间并未得到充分利用，缺乏必要的交流、休闲平台和短暂停留的空间，使行人在街道上难以找到合适的地方进行社交互动或短暂休息（图 6-31）。

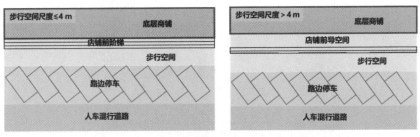

图 6-31　蓝靛厂路商铺前导空间 4 m 及 4 m 以上现状图
（图片来源：作者自绘）

6.2.1.3　街道界面单一，空间通透感弱

蓝靛厂路两侧的街景界面呈现出显著的封闭性，对通透性的考量明显不足。建筑设计普遍采用封闭式布局，导致开放空间和通透立面元素缺失。除了设有底商的小区外，其余区域普遍安装了封闭围栏，部分路段甚至采用了封闭的实体墙。这些构造形成了大面积的非积极空间，不仅使行人在行走过程中难以获得开阔的视野和舒适的视觉感受，而且削弱了街道的宜人性和活力。从专业角度来看，这种封闭性不仅影响了行人的空间体验，还限制了街道在促进商业繁荣和文化交流方面的潜力，从而对街道的整体发展和提升产生了制约。

6.2.2　蓝靛厂路优化建议

当步行者将头向下低 10°时，其有效视域将集中在 60°范围内的建筑物底层、路面。这样的视角不仅使他们能够清晰地辨识脚下和前方的路况，还能使他们近距离地观察街道两旁的商铺、景观以及正在出现的各种生活场景（图 6-32）。因此，为了进一步提升蓝靛厂路的整体观感，同时满足人们日常休闲放松、购物消费、教育学习以及顺畅出行的多元化需求，设计师应致力于打造一个功能丰富、环境宜人的道路空间。蓝靛厂路优化建议主要从展现和谐统一的建筑立面，塑造层次多元的开放空间，打造立体、通透的空间界面三个维度展开，深度融合本地文化与特定场景，创造一种沉浸式的消费体验空间，让居民能够真切感受并积极参与，从而极大地提升他们的生活幸福感和满足感。

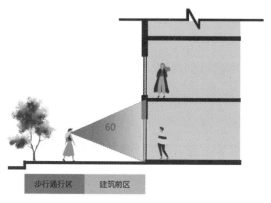

图 6-32 行人视角扫视范围示意图
（图片来源：作者自绘）

6.2.2.1 展现和谐统一的建筑立面

通过精确控制比例与对称性，以及巧妙地运用材料和色彩，建筑能够融入周围环境并与自然景观和谐共存。同时，注重细节处理和文化传承能使建筑具有独特的文化韵味，还能满足可持续发展的要求。这种设计策略旨在创造一个既符合人体尺度，又富有美感和舒适感的建筑空间，为人们提供和谐统一的视觉享受。

（1）统一建筑样式。

针对当前部分建筑存在的高度差异显著、界面破损、立面老化等问题，需要统一清洗建筑立面，以恢复其原有的清洁度和外观；在建筑色彩的选择上，尽可能延续原有颜色，以保持城市风貌的连续性和历史感；统一建筑顶部的样式，以强化街道界面的整体性和美感，打造一个既具有历史底蕴又现代美观的城市形象（图 6-33）。

图 6-33 优化建筑立面
（图片来源：作者自绘）

（2）规整立面要素。

沿街建筑立面的构成要素繁杂无序（包括但不限于空调外挂机、立面装饰条、店铺招牌和墙体广告等要素），已经严重破坏了建筑原有的横纵向秩序，导致视觉效果混乱，进而降低了建筑的辨识度和整体美感。为了提升建筑立面的整洁度、有序性和视觉冲击力，采取以下优化措施：统一店铺招牌的颜色及安装位置，确保视觉上的统一与和谐；安装成品铝合金空调栏，以规范空调外挂机的安装位置，使其不再成为视觉上的干扰因素（图 6-34）。

图 6-34 规整立面要素
（图片来源：作者自绘）

6.2.2.2 塑造层次多元的开放空间

在开放空间规划与设计过程中，设计师应精准划分功能区域并进行焦点设计的细化。为营造视觉上的层次感和空间的丰富性，设计师要巧妙运用高度差异、色彩与材质的精心搭配，以及自然元素的巧妙融入。设计师应充分考虑底层建筑的色彩，通过色彩的对比与和谐，创造出层次鲜明、引人入胜的视觉体验。此外，设计师还要对临街建筑立面的通透性进行精细化调整，将原本封闭的界面转变为开放、流动的空间，并增设适合驻留与活动的场所，以促进社区互动并提升活力。

（1）丰富商铺前导空间。

生活性街道商铺的前导空间与步行交通空间没有明显的界线，购物行为及通行行为的人流混杂在一起，产生了流线交叉。蓝靛厂路是生活性街道，其整个路段步行空间尺度为 4~12 m。当步行空间尺度为 4 m 及以下时，设计师应考虑店铺外溢式布局，合理融入店铺立面元素（如开放的橱窗展示、悬挑的遮阳篷或装饰性的户外座椅等），有效吸引行人的目光，增加顾客与商家的互动机会，促进社会交流（表 6-10）。当步行尺度为 4 m 以上时，设计师可结合餐饮、休闲等功能在入户前导空间设置商业外摆区域，增加行人在街道空间中的活动类型，进而提升街道的商业价值和整体活力。

表 6-10　商铺前导空间的优化策略

类型	步行尺度为 4 m 及以下	步行尺度为 4 m 以上
现状图		
优化前断面图	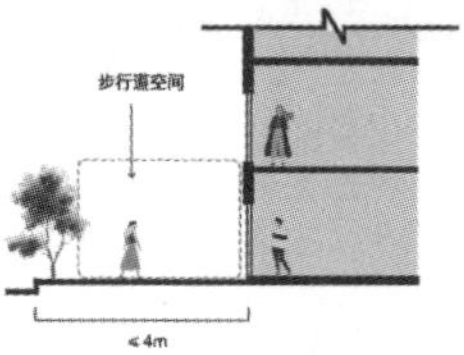	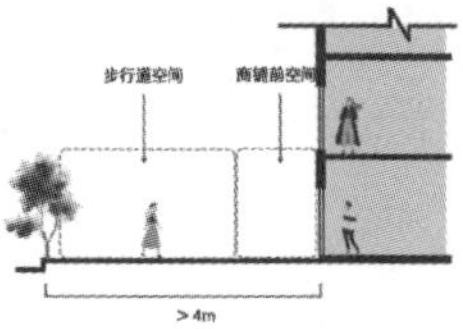
优化后断面图	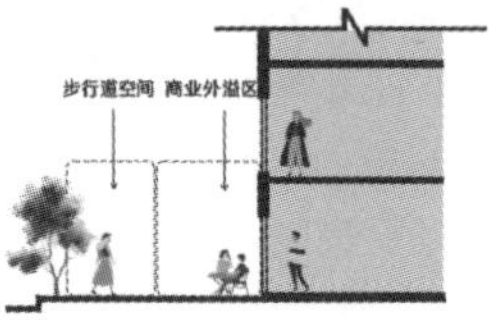	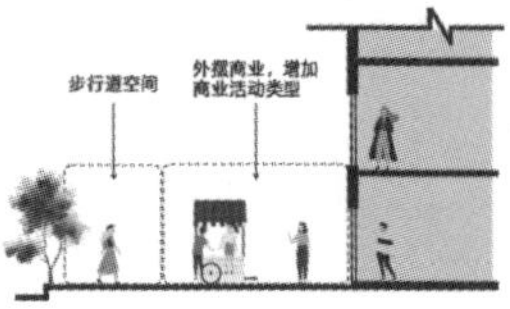

（表格来源：作者自绘）

（2）优化商铺前阶梯空间。

商铺前导空间的阶梯是步行空间与商铺之间的过渡空间，若设计得过长或过于复杂，可能对步行者的体验产生消极影响。为了缓解这一状况，采取以下优化措施：根据台阶的数量合理布置绿化植被，不仅能美化环境，还能为步行者提供视觉上的缓冲；增设休息座椅，为步行者提供休憩空间，减轻步行者长时间行走的疲劳感；通过巧妙的设计打断阶梯的连续性，以缓解视觉上的单调感（图 6-35）。

（3）增设立体绿化。

街道两侧界面可以通过铺设垂直绿化的方式，打破大面积商业界面带来的沉闷感（图 6-36）。设计师可采用固定的铁丝网或尼龙绳牵引植物，控制其延伸方向，精准地塑造特定绿化图案；可在建筑设计中预先规划种植箱的位置，使绿化与建筑更好地融合，提升整体美观度。例如，怡丽南园、世纪城三期晴雪园、蓝靛厂观山园小区底层商铺界面可以铺设垂直绿化。

图 6-35　商铺前阶梯空间优化策略
（图片来源：作者自绘）

图 6-36　增设立体绿化
（图片来源：作者自绘）

6.2.2.3　打造立体、通透的空间界面

在街道空间设计中，设计师应考虑空间层次性、流动性及视觉丰富性，利用透明材料、光影效果和色彩搭配创造明亮轻盈的空间。同时，设计师应平衡行人对通透界面的需求，缓解连续商业界面带来的压抑感，确保商业界面占比足以营造活跃氛围。此外，设计师可借鉴园林设计原理（如借景、透景），增强空间通透感和立体感，提升整体空间品质与美感。

（1）提升界面通透性。

①注重虚实结合：街道沿街底层界面应避免大面积实墙与高反光玻璃，注重界面的虚实结合。设计师应控制街道两侧实墙、高反光玻璃界面的比例和尺寸；街道两旁如果有建筑物，设计师应巧妙地加以装饰或装设显示屏，以增加街道界面的多样性和与行人的互动性。对于街道两旁没有建筑物的情况，沿街围墙界面同样应注重通透性

和美观性。具体而言，高于 0.9 米的围墙的通透性必须通过装饰或立体绿化来提升，鼓励采用不同的材质组合营造出界面的纵向和水平韵律感（图 6-37）。

②增加绿色空间：将沿街商业转角处的店面巧妙地设计成开放的休憩与绿化区。增加绿色空间能够为城市增添一抹生机与绿意，还能有效打破大面积商业界面可能带来的单调和沉闷感，为市民和游客提供更加舒适、宜人的环境（图 6-38）。

图 6-37　美化处理围挡要素
（图片来源：作者自绘）

图 6-38　街道增加绿色空间
（图片来源：http://www.edging.sh.cn/index.html）

（2）塑造多元层次空间。

①利用不同高度的元素：在不同高度布置元素，如街道家具、绿植、景观装置等，能够创造视觉上的层次感。例如，沿街设置不同高度的花坛或座椅，既能提供休息空间，又能打破单调的街道界面。利用不同的色彩和材质来区分和界定不同的空间区域，可以使空间在视觉上产生层次感和丰富性（图 6-39）。

②借景与透景：借鉴园林设计中的借景手法，将远处的景观或建筑引入街道空间，使行人在行走的过程中能够欣赏到更多的美景；利用透景手法，如设置开放式的

景观墙或隔断，让相邻的空间在视觉上相互渗透，形成一种流动而连续的视觉效果（图6-40）。

图 6-39 利用不同的色彩和材质来区分和界定不同的空间区域改造意向图
（图片来源：http://www.aoya-hk.com/）

图 6-40 利用透景手法

（图片来源：https://pics0.baidu.com/feed/b21bb051f81986186e7b23c5f38f2c748bd4e619.jpeg?token=583619c604f3941822aa8b612c9fa714；https://img2.baidu.com/it/u=2677337198,1077684678&fm=253&fmt=auto&app=138&f=JPEG?w=664&h=442）

6.3 打造景致优美、绿化多样的舒适性街道

为优化舒适性街道视觉环境，选择案例街道主要考虑以下因素：①街道空间视觉环境评价得分较低且位于五环内，居民需求较高，亟待向高品质提升；②街道整体绿视率较高，但绿化结构、绿化种类较为单一，舒适度体验不高；③街道景观设计形式化，文化内涵缺失，街道家具分布不均衡。本研究最终选取北京市海淀区的双榆树北路（图6-41）作为案例街道。双榆树北路位于海淀区中关村街道，西起中关村大街，

图 6-41 双榆树北路街道空间平面
（图片来源：作者自绘）

东到中关村东路，是一条长约 1.2 km 的东西方向城市次干道。该街道两侧以居住区为主，人流量、车流量较大，承载周边居民的日常生活需求，但逐渐暴露出绿化景观质量较低等问题。

本研究在双榆树北路设置采样点，获取街景图像进行图像语义分割，提取街道要素数据，并选取有代表性的街景图片，从图像和数据中分析街道现状问题。由数据（表6-11）可知，该路段绿视率、天空开阔度较高，说明该道路绿量较高，视域空间较为开阔。结合实地调研可以发现，尽管绿视率较高，但绿化种类及结构单一，休憩设施分布不均衡，无法满足行人的需求。

表 6-11　双榆树北路街道空间视觉环境指标表

要素	数据	要素	数据	要素	数据
建筑界面围合度	0.260	行人出现率	0.001	外部形状指数	4.566
绿视率	0.320	机动车道占比	0.089	计盒维数	1.503
天空开阔度	0.270	人行道占比	0.101	二维熵	12.505
机动车出现率	0.053				

（资料来源：作者自绘）

6.3.1　双榆树北路现状问题

6.3.1.1　整体绿化率较高，结构较为单一

通过选取有代表性的街景图片对双榆树北路视觉环境进行分析可知，该街道视觉环境舒适性较差，主要受绿化种类、结构单一和绿化布局不合理影响。

双榆树北路的整体绿化率大致达到了 32%，为城市居民营造了一个相对舒适的环境。然而，局部区域的绿化质量呈现显著的差异性，主要表现为绿化树种的单一化和品质的参差不齐。如图 6-42 的 1 号图片所示，知春里西南侧路段的绿化问题尤为突出。这一区域的绿化以单一的树种为主，导致季节性影响显著，使景观在多数季节

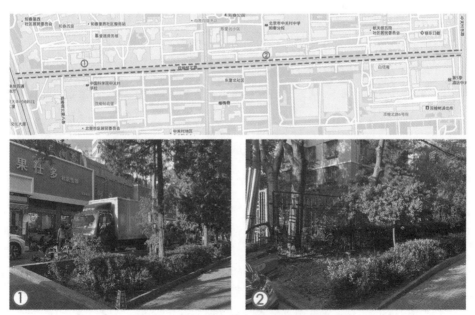

图 6-42　双榆树北路位置及街道环境示意图
（图片来源：作者自绘）

显得单调乏味。同时，这些树木大部分种植在硬质路面上，缺乏必要的土壤环境和生态支撑，进一步削弱了其生态功能和观赏价值。如图 6-42 的 2 号图片所示，在绿化方式上，街道过度依赖行道树，忽视了街角空间的有效利用，导致绿化布局的失衡。

这种绿化结构的单一性不仅使街道的景观显得缺乏层次感和变化性，难以长时间吸引行人的注意，更无法为居民提供多样化的休闲体验。从生态学的角度来看，过于单一的植物种类可能导致整体生态效益的降低，因为不同的植物在固碳、降噪、降温等方面具有不同的生态功能。此外，这种植物结构的单一性可能增加病虫害的风险，一旦某种植物受到病虫害的侵袭，整个街道的绿化都可能受到严重影响。

6.3.1.2　植被覆盖率不足，影响城市形象

街道绿化缺少统筹设计和建设，缺乏对街道绿化层次和景观效果的精细化设计。在双榆树北路的部分路段，植被覆盖率明显不足，这不仅影响了街道的绿化质量，更在一定程度上损害了城市的整体形象。这些路段往往缺乏足够的绿化空间或绿化投入，导致绿化植被稀少，甚至出现了裸露的土地或硬质地面。这不仅使街道的视觉效果大打折扣，更使城市的生态环境和居民的生活质量受到影响。

此外，部分封闭的绿化带设计也存在问题。这些绿化带往往过于封闭，阻隔了人行道与沿街商业的联系，使街道的步行环境变得单调乏味、缺乏活力。同时，这种设计也限制了街道的商业氛围和社交功能的发挥，使街道的整体功能受到限制。图 6-43 的 2 号图片拍摄于双榆树东里北侧路段，沿街出现较长封闭围栏，围栏色彩单一、无样式变化。在实地调研中也发现，沿街建筑多为老旧小区，墙体老化破损，严重影响行人的视觉感受。

6.3.1.3　景观设计形式化，文化内涵缺失

通过对双榆树北路视觉环境的深入分析发现，该街道在景观设计上存在形式化的问题，缺乏深层的文化内涵。尽管街道在绿化和景观建设上投入了一定的资源，但往往忽视了景观设计的文化性和艺术性，这使街道的景观环境看似美观，但缺乏独特的文化特色和艺术魅力。

以图 6-44 的 1 号图片为例，尽管知春里西南侧路段的步行空间较为开阔，但缺乏具有文化内涵的景观元素和行人休闲设施，使行人在行走的过程中难以感受到街道的文化氛围和人文关怀。同时，这种缺乏文化内涵的景观设计（图 6-44 的 2 号图片）

图 6-43　双榆树北路位置及街道环境示意图

（图片来源：作者自绘）

图 6-44　双榆树北路位置及街道环境示意图

（图片来源：作者自绘）

也使街道的景观环境难以与城市的整体文化形象协调。

6.3.2 双榆树北路优化建议

为优化双榆树北路视觉环境，建议从布局科学合理的绿色空间、创造层次丰富的绿化配置及增设趣味和谐的街道家具三个维度着手，依托文化与既有绿地空间的有机融合，优化街道绿色空间，构建可感知、可享受的绿色休闲空间，提升居民舒适感。

6.3.2.1 布局科学合理的绿色空间

在街道布局中，为了创造科学合理的绿色空间，本研究提出两个主要策略。一是利用小游园和微绿地来构建微型公园，增添新景观；二是根据功能需求划分街道的绿色空间，以满足不同人群的需求。

（1）依托小游园和微绿地，打造微型公园新景观。

基于双榆树北路街道的宽度、功能定位及环境特点，设计师利用街道空闲土地和零碎边角打造八个小游园和微绿地（图6-45），通过"见缝插绿"等方式增加街道绿量，提升城市品质和居民的生活质量。在规划这些微型公园时，设计师应严格遵守生态优先的原则。街头绿地的绿地率设定为不低于75%，以确保充足的绿色空间。硬质铺装场地面积控制在15%以内，以保持绿地的自然生态特性。设计建设按照"景观化、景区化、可进入、可参与"的要求进行，突出"一园一特色"主题，高标准推进。设计师应充分利用"金角银边"提升社区周边的小游园和微绿地，实现公园与社区的融合。

图 6-45 双榆树北路绿色空间规划布局图
（图片来源：作者自绘）

（2）按功能划分街道的绿色空间，以满足不同人群的需求。

设计师应将街道的绿色空间划分为不同的功能区域，包括城市公园、学校前区、商业前区、居住前区等（图6-46），以满足不同人群的需求。在城市公园，如双榆树北里北侧路段，结合既有绿地打造小微城市公园；在学校前区，如中国科学院中关村中学北侧路段，增加接送学生时可休息的座椅；在商业前区，如知春里社区南侧，增加绿化带和休闲座椅，营造舒适的购物环境；在居住前区，如榆苑公寓北侧，设置休闲绿地和健身设施，满足居民休闲和娱乐的需求。

◎ 城市公园　　　　● 学校前区　　　　▦ 商业前区　　　　▬ 居住前区

图 6-46　双榆树北路绿色空间规划布点图
（图片来源：作者自绘）

6.3.2.2　创造层次丰富的绿化配置

创造层次丰富、功能多样、具有地方特色的街道绿化配置，可以为市民提供更加舒适的城市环境，具体包括合理选择树种、丰富植物配置、推广垂直绿化。

（1）合理选择树种，增设花坛。

在树种选择上，设计师应优先采用乡土植物，同时积极挖掘并推广更多优质的本土植物品种。设计师应选择适应当地气候、具有观赏性和生态功能的树种，优先考虑乡土树种，如城市市树国槐、侧柏，城市市花月季、菊花（图6-47）。这些植物不仅适应北京的土质和气候环境，有助于保持生态平衡，还能彰显文化底蕴和历史文脉。

在行道树种植方面，鼓励连续种植高大乔木，形成林荫道。在条件允许的情况下，对行道树不连续的路段进行补植，形成连续的绿化基底，形成连续的林荫空间及休憩空间，提高使用者的舒适度。行道树以常绿树为主，常绿、落叶乔木的比例达到3：2以上，以确保四季有绿，为市民提供持久的绿色视觉享受。乔木的栽植覆盖面积应大

图 6-47　树种选择示意图
（图片来源：https://cn.bing.com/）

于绿地面积的 70%，确保绿地的高绿化率。适当连接树池或扩大种植池面积可以改善现状植物的生长环境，增加绿视率。同时，注重行道树的排列和布局可以形成具有节奏感和韵律感的绿化景观。在花坛种植方面，选择常绿灌木，搭配月季、菊花等花卉，可以打造舒适宜人的步行环境。

（2）丰富植物配置，注重植物群落的科学搭配。

设计师可以综合运用乔木、灌木和草本植物等多种植物，精心搭配花木及色叶植物，增加景观层次感、色彩多样性和道路识别性。

不同植物混合种植保证了生物多样性带来的积极效应，植物形态、尺寸与色彩的差异创造了街景的丰富层次。在双榆树北路绿化配置优化中，设计师以乔木为主，以乔、灌、草的合理复合式栽植以及落叶树种与常绿树种的混合栽植，配合可移动花箱，形成上层大乔木、中层小乔木和灌木、下层地被植物的复层结构，以最大化单位绿地面积的绿量。

重点栽植观花、观叶类植物，花树和彩叶树的比例不低于乔木总栽植量的 30%，可以使微型公园在色彩和形态上更加丰富多样，为市民提供更为优美的视觉景观，构建层次分明的景观效果，丰富街道视觉多样性。例如，双榆树北里外侧道路的绿化空间的植物较为单一，应当丰富绿化种类，打造景观宜人、层次丰富的绿化空间（图6-48）。

（3）推广垂直绿化，丰富绿化方式。

沿双榆树北路街道局部设置垂直绿化，如知春里社区南侧路段（图6-49），利用建筑物的墙面、栏杆等空间进行垂直绿化设计，种植攀缘植物（如爬山虎、蔷薇等）；布局立体花坛，增加街道的绿化面积，减少地面空间占用，同时提升街道的立体感和美观度。

图 6-48 丰富绿化设置
（图片来源：作者自绘）

图 6-49 垂直绿化配置
（图片来源：作者自绘）

6.3.2.3 增设趣味和谐的街道家具

街道家具不仅能为居民提供便利的休息和娱乐设施，还能有效增强街道的吸引力和活力。设计师可以根据双榆树北路街道的文化背景、历史特色或周边环境风格，选择合适的景观小品主题和风格，创造视觉焦点，增加街道的趣味性和吸引力，同时提供休憩和娱乐设施，满足行人的基本需求。

（1）选择合适的主题和风格，创造视觉焦点。

设计师可以根据街道的文化背景、历史特色或周边环境的风格，创建具有特色的景观街区，确保景观小品与周围的自然环境、建筑风格和人文环境融合，通过巧妙的布局和设计使景观小品成为街道空间的一部分，而非突兀的存在，形成统一的视觉风格。独特的景观小品，如雕塑、艺术装置或标志性构筑物，可以吸引行人的目光，成为街道的视觉焦点，打破单调的空间布局，增加街道的趣味性和吸引力。

（2）增设街道家具，提供休憩和娱乐设施。

增设座椅、凉亭、花坛等景观小品可以为行人提供休憩和娱乐的空间。设置合理的街道家具可以提高街道的舒适性。街道家具可根据使用者的实际活动情况成组放置。为保证街道上的休息座椅的有效利用和安全性，座椅摆放位置应不靠近路缘石，不超过行道树的树池边界。

街道家具设计应充分考虑当地居民，在街道经商、办公和提供服务的人群及外来通过人群的需求：设置供行人休息、聊天的座椅，提供可以遮阳、避雨的设施和游乐、互动、休闲设施；增加艺术装置、景观小品雕塑等，提升街道的文化艺术氛围；提升城市家具设施的智慧化水平，提供 WiFi、移动充电、智能城市地图查询、智能天气预报和共享互助等信息服务；进行特色文化墙改造，提升城市家具设施的文化内涵。双榆树北路部分路段道路两侧为居住区，有冰冷的栅栏，影响视觉效果，要对其围墙外观进行美化、对废弃围墙进行拆除或对部分围墙进行人文景观改造，提升墙体的丰富性和多样性（图 6-50）。

图 6-50 双榆树北路街道家具设施布局规划图
（图片来源：作者自绘）

6.4 打造空间安全、体验丰富的安全性街道

为优化安全性街道视觉环境，选择案例街道主要考虑以下因素：①街道空间视觉环境评价得分较低且位于五环内，人流量、车流量较大，居民需求较高，安全性亟待提升；②街道空间功能较为单一，停车问题严重，步行空间被侵占；③街道空间设施分布不均衡，对特殊群体关注不够。本研究最终选取北京市海淀区的曙光花园中路（图6-51）作为案例街道。曙光花园中路位于海淀区曙光街道，是一条长约 0.6 km 的南北方向城市次干道。该街道两侧有学校，儿童及老年人较多，车流量较大，逐渐暴露出对弱势群体关注不足等问题。

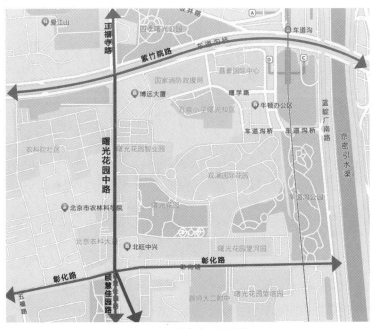

图6-51 曙光花园中路街道空间平面
（图片来源：作者自绘）

本研究在曙光花园中路设置采样点，获取街景图像进行图像语义分割，提取街道要素数据，并选取有代表性的街景图片，从图像和数据中分析街道现状问题。由数据（表6-12）可知，机动车道占比、行人出现率及机动车出现率较高，说明该道路车流量较大，以机动车通行为主。结合实地调研可以发现，该街道步行空间受到侵占，对弱势

群体不友好，无法满足行人的需求。

表 6-12 曙光花园中路街道空间视觉环境指标表

要素	数据	要素	数据	要素	数据
建筑界面围合度	0.230	行人出现率	0.005	外部形状指数	5.678
绿视率	0.080	机动车道占比	0.285	计盒维数	1.500
天空开阔度	0.219	人行道占比	0.097	二维熵	12.728
机动车出现率	0.075				

（资料来源：作者自绘）

6.4.1 曙光花园中路现状问题

6.4.1.1 停车占道严重，步行空间受侵占

曙光花园中路南段街道宽度为 5 米，道路两侧人行道宽度为 1 米，断面设计形式为单幅路，采取机非混行的形式（图 6-52）。绝大多数街道存在道路窄、步行空间局促、私家车乱停放占用人行道等问题。

图 6-52 曙光花园中路南段道路现状图
（图片来源：作者自摄）

曙光花园中路南段街道两侧的实体边界主要包括居住区实体围墙和栅栏，绿化设施极少。绿化带是街道与居住区的降噪屏障和私密屏障，能保障居住区内居民享有安静自在、不受外部视线干扰的居住环境。南段部分道路两旁绿化带设施过少，加之南段道路十分狭长，人车混行现象严重。居民在该道路上步行的安全性极低。曙光花园中路北段缺少景观，使老年人逗留、通行和驻足的体验感不佳（图 6-53）。

曙光花园中路车辆拥堵情况比较严重，尤其是在上下班时间。街道两侧老旧小区较多，由于建设年代相对久远，小区停车空间匮乏，部分私家车停在道路两侧，阻碍行人通行及车辆的正常行驶，造成道路拥堵。周边社区停车位不足导致私家车停在道路两侧，使街道可通行宽度变窄，通行效率下降。在下午 4—5 时放学时，首都师范

大学第二附属中学（彰化路校区）、玉渊潭实验幼儿园门口拥堵现象严重，停车需求大，占用步行空间（图6-54）。

图 6-53 曙光花园中路北段缺少景观
（图片来源：作者自绘）

图 6-54 曙光花园中路南段路边停车
（图片来源：作者自绘）

6.4.1.2 路面质量较差，对弱势群体不友好

行人路权不被重视，街道空间缺少对弱势群体的关注。行人通行空间不断被压缩，出行感受也被忽视，人车矛盾不断加剧，使出行体验越来越不好。

曙光花园中路北段部分街道交叉口空间的过街信号灯放行时间较短，无法让老年人、儿童等弱势群体正常通行，也缺少供行人横穿道路临时停留的过街安全岛等二次过街装置和过街天桥等辅助过街手段，忽视了老年人等弱势群体的过街需求（图6-55）。此外，街道铺装损坏严重，耐久性差，部分街道设施与地面接触口凹凸不平，降低了通行安全感。

6.4.1.3 设施类型丰富，照明配置不充足

曙光花园中路南段夜间需要更好的照明以满足老年人的出行需求。目前灯具配置效率较低，有明显暗区。调研发现，傍晚时老年人一般在车行道边行走，很少在人行道上行走。被采访者普遍反映夜晚人行道灯光不充足，无法看清路面凸起和障碍，担心在人行道行走因为磕绊带来安全问题，因此一般在车行道靠边行走（图6-56）。

图 6-55 曙光花园中路北段过街设施
（图片来源：作者自绘）

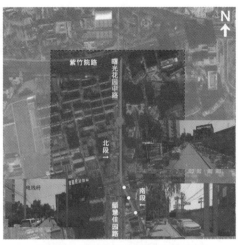

图 6-56 曙光花园中路南段照明不足
（图片来源：作者自绘）

6.4.2 曙光花园中路优化建议

6.4.2.1 打造安全畅通的慢行空间

人行道宽度和机动车干扰度是影响出行满意度的重要因素。针对两者的改善，不单是增加人行道宽度和减少机动车停放这么简单。人行道宽度和机动车车位划定与街道整体功能区划定、机非车道宽度息息相关。本研究根据曙光花园中路道路断面和规划结构，将曙光花园中路分为步行生活区和机非协调区（图 6-57），合理划定各交通主体的通行优先级，有效缓解人车矛盾，达到交通效率和步行权益之间的平衡。

步行生活区区段强调打造纯化慢行空间和生活场景，行人和非机动车具有最高优先权（图 6-58），沿街设有停车位和微型公园（图 6-59）。在这部分街道，设计师

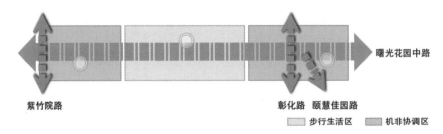

图 6-57 曙光花园中路分区图
（图片来源：作者自绘）

图 6-58 步行生活区人行横道示意图
（图片来源：作者自绘）

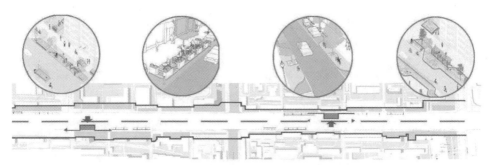

图 6-59 街道微型公园设施位置和效果图
（图片来源：作者自绘）

通过压缩绿化带宽度和机动车道宽度来提升人行道宽度，并打造舒适的步行慢空间。

设计师将道路两侧的部分"车位"转变为微型公园等居民活动空间（图 6-60），拓展行人活动范围。微型公园是人行道向路边停车位延伸的部分形成的公共空间，为永久性固定装置或临时设施。微型公园为使用街道的人打造，也为在当前缺乏城市公园或现有人行道宽度不足以容纳充满活力的街头生活活动的地方打造，可以为行人提供一个公共场所，让他们放松并享受城市的氛围。设计师采用折面围墙来引导街道的动态运动，使人们从马路一侧经过时能感觉到颜色的变化，增强了空间内行人的安全性。

机非协调区以提升周边交通运行效率为目的，强调多方式交通协调发展策略。各方式出行需求较为均衡，通过交叉口渠化设计实现小汽车交通与慢行交通等多种交通方式在设施设置与空间分配上的平衡。该路段两侧主要为商业业态，为保证通行高效

图 6-60　微型公园的意向图
（图片来源：https://mp.weixin.qq.com/）

性，应严格控制路边停车。

6.4.2.2　改善占用人行道停车乱象

曙光花园中路分南北两段，由北向南分别与紫竹院路、彰化路和颐慧佳园路相交。道路两侧多为封闭小区，可供路边停车的空间十分有限。因此，采取空间分层和分时的多元化治理手段能逐步打破"停车乱、治理难"的现实局面，从而改善占用人行道停车的乱象。

空间分层管理能通过梳理现状道路中的路面停车设施使用情况，挖掘能提供停车服务的可利用空间（图 6-61）。地面停车向立体停车转变、固定停车向潮汐停车转变可以实现停车设施的弹性使用，达到缓解"无车位、无处停"现象的目的（图 6-62）。

空间分时管理主要强调在保证步行空间和车辆正常通行的基础上挖掘可供使用的路边停车空间，通过设置驻车分时阶梯标价等方式来进一步实现停车的弹性化管理（图 6-63 和图 6-64）。设计师可以与道路周边的各住宅小区协调，尽可能保证小区内居民车辆在本小区地下停车场停放，若有可能，可通过地下停车场的合理分区，为社会车辆的集中停放留出空间。

6.4.2.3　实现道路安全精细化设计

结合街道周围老年人、儿童等弱势群体数量大的现状，增加对老年人和儿童友好的设施有利于提高街道空间安全性。该类设施应从可照明性、慢行无障碍性、易识别性三个维度进行友好性设计。

可照明性：曙光花园中路的主要照明设施为路灯，受灯体大小、功率和照明的可

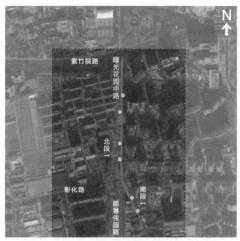

图 6-61 曙光花园中路停车空间分层管理
（图片来源：作者自绘）

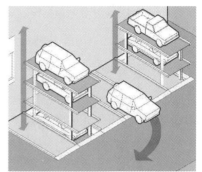

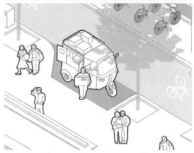

图 6-62 停车空间分层管理策略意向图
（图片来源:《北京城市副中心规划设计导则》）

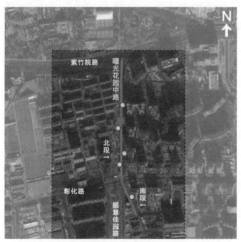

图 6-63 曙光花园中路停车空间分时管理
（图片来源：作者自绘）

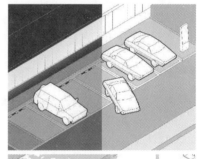

图 6-64 停车空间分时管理策略意向图
（图片来源:《北京城市副中心规划设计导则》）

达范围影响，在实际使用中往往不能满足夜间出行安全的要求。因此，设计师可通过缩小路灯间距、提高灯体功率或结合步行空间的营造加设多层次照明设施等方式，改善曙光花园中路夜间照明不足的现象（图 6-65）。

慢行无障碍性：实地调研发现行人的主要出行方式为公交和步行，尤其以步行居多。因此，设计师可以通过设置道路交通岛、人行天桥电梯、坡道，增加特殊群体步行监控系统和加强路面的防跌倒设计等方式实现行人步行安全感的逐步提升（图 6-66）。

易识别性：面对道路上各种复杂的动态、静态信息，在该空间中的行人往往因无法及时处理如此庞杂的信息而感到急躁，导致安全感下降。因此，设计师可通过设置可视化的标识系统、按照行人的步频设置红绿灯变换时间等方式在一定程度上减少行人处理复杂道路信息的时间，提升道路安全感（图 6-67）。

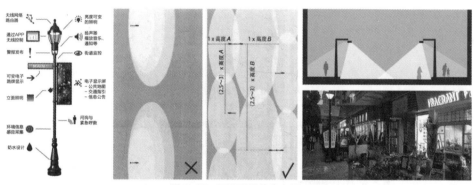

图 6-65 可照明设施意向图
（图片来源：《全球街道设计指南》《南京市秦淮区街道设计导则》）

图 6-66 慢行无障碍设施意向图
（图片来源：《北京城市副中心规划设计导则》《南京市秦淮区街道设计导则》）

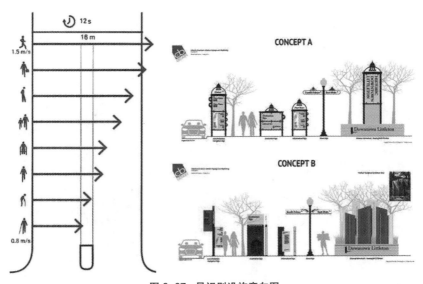

图 6-67 易识别设施意向图
（图片来源：《全球街道设计指南》《南京市秦淮区街道设计导则》）

6.5 打造印象多元、视觉协调的丰富性街道

为优化丰富性街道视觉环境，选择案例街道主要考虑以下因素：①街道空间视觉环境评价得分较低且位于五环内，行人需求较高，涵盖休闲、购物、教育、出行四类需求，亟待向高品质提升；②街道空间功能较为完善，业态较为多元，活动人群以周边居民为主；③街道两侧建筑类型及材质较为多样，新老建筑、不同功能建筑并存。本研究最终选取北京市海淀区的科学院南路（图 6-68）作为案例街道。科学院南路位于海淀区中关村街道，属于城市次干道，全长 2 km，南起北三环西路，北至北四环西路。该街道两侧以居住区和零售商业为主，公共服务设施密布，包括科学院南路周边居民消费娱乐的重要场所 UME 影城和超市发（双榆树店）、片区最大的公园绿地双榆树公园、重要公共服务设施海淀区民政局婚姻登记处、重要的商务办公楼融科资讯中心，以及各类中小学，能够为当地居民及外来游客提供多种服务，人群活动高度聚集，是典型丰富性街道。随着居民生活水平和消费水平的提高，街道内的功能逐渐增多并趋于完善，但逐渐暴露出杂乱无序的问题。

图 6-68　科学院南路街道空间平面

（图片来源：作者自绘）

　　本研究在科学院南路设置采样点，获取街景图像进行图像语义分割，提取街道要素数据，并选取有代表性的街景图片，从图像和数据中分析街道现状问题。由数据（表6-13）可知，该道路建筑界面围合度、机动车出现率、外部形状指数较高，说明该道路建筑密度较高且机动车较多。

表 6-13　科学院南路街道空间视觉环境指标表

要素	数据	要素	数据	要素	数据
建筑界面围合度	0.430	行人出现率	0.001	外部形状指数	4.716
绿视率	0.143	机动车道占比	0.098	计盒维数	1.503
天空开阔度	0.178	人行道占比	0.037	二维熵	12.605
机动车出现率	0.053				

（资料来源：作者自绘）

6.5.1　科学院南路现状问题

6.5.1.1　业态较为丰富，可协调性较差

　　科学院南路展现了多元化的业态布局，涵盖了从零售、餐饮、娱乐到文化、艺术等多个领域，在为城市居民提供多样化的生活选择和消费体验的同时，增强了街道的

活力和吸引力。但整体街道业态缺乏统一的规划和布局，导致不同业态在街道上的分布较为随意，缺乏有序性和系统性，影响了街道的整体形象，影响了消费者的购物体验。从科学院南路南侧到北侧，存在不同类型的商铺，低端的杂货铺、喧闹的快餐店、安静的咖啡馆、专业的电子产品店共存，形成了一种无序的混乱状态（图6-69和图6-70）。

科学院南路商铺业态种类繁多，不同业态之间存在利益冲突，如停车位的争夺、广告位的竞争等，商家之间的竞争关系复杂和紧张，加剧了业态的不协调。商铺都希望通过独特的牌匾颜色和店面风格设计来吸引消费者的目光。由于缺乏统一的规划和指导，这些商铺的牌匾颜色和店面风格各异，有的过于鲜艳，有的则显得黯淡无光，整体看上去缺乏协调性和统一性，导致街道显得杂乱无章、缺乏统一的视觉美感，影响了消费者的购物体验。如图6-69所示，沿街商铺风格差异较大，既有仿古建筑，又有形式、色彩各异的现代建筑，行人步行空间被侵占，商铺店前空间存在无序停车的现象。

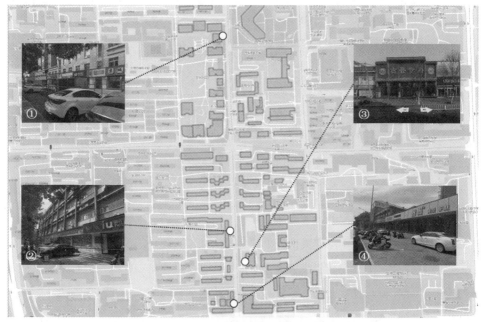

图6-69　科学院南路北段商铺
（图片来源：作者自绘）

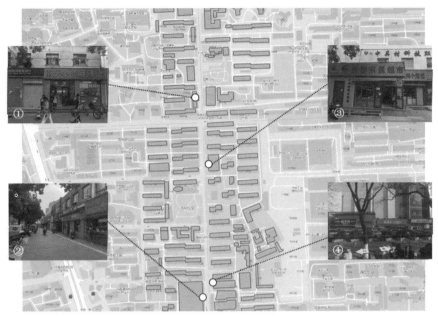

图 6-70　科学院南路南段商铺
（图片来源：作者自绘）

6.5.1.2　建筑类型多样，可识别性不足

科学院南路建筑类型多样，街道空间中存在着不同的建筑形态、风格和材质，但缺乏能够统领全局、形成统一风格或主题的标志性建筑或建筑群。如图 6-71 所示，科学院南路北段既有搜狐、融科资讯中心等以玻璃幕墙为主体、高度较高、体量较大的商务办公建筑，又有居住建筑及沿街商业建筑，导致街道的整体形象变得模糊，缺乏一个明确的、易于识别的主题或特征。科学院南路街道空间中的建筑在风格、色彩和材质上各异，缺乏有效的协调和统一，导致街道的整体形象缺乏一致性和连贯性。例如，知春路与科学院南路交叉口处沿街店铺风格差异较大，步行空间被侵占，存在无序停车的现象。街道公共设施、景观节点等元素也缺乏可识别性，分布较为杂乱，易使行人产生无序的视觉感受，无法形成具有特色的空间节点或视觉焦点。

6.5.1.3　文化氛围不佳，可意向性较弱

科学院南路片区主要为为中国科学院配建的家属区，整体教育资源配置规格较高。现状道路两侧有多所中小学及幼儿园等教育设施，教育优势十分显著，但街道商业氛围过浓，文化氛围不佳。商业活动占据主导地位，商业广告泛滥，文化元素被边缘化，

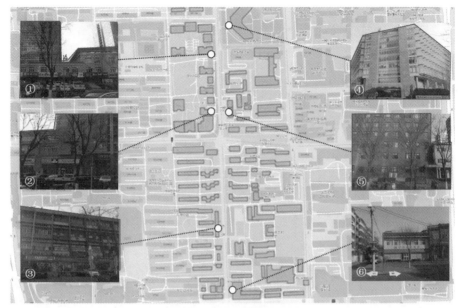

图 6-71　科学院南路北段建筑
（图片来源：作者自绘）

街道整体呈现浓厚的商业氛围，影响了居民的文化体验。科学院南路文化设施（如图书馆、艺术馆、文化广场等）数量较少，分布不均，北段只有一处口袋公园，南段包含两处公园绿地（图 6-72 和图 6-73）。

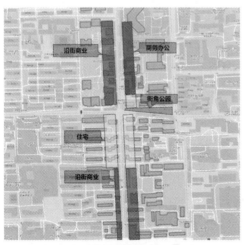

图 6-72　科学院南路北段沿街环境
（图片来源：作者自绘）

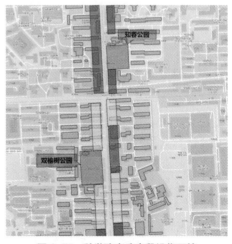

图 6-73　科学院南路南段沿街环境
（图片来源：作者自绘）

科学院南路空间规划不合理，缺少文化符号。科学院南路街道空间规划缺乏人性化考虑，步行空间、绿化空间等设计不合理，影响了居民的文化体验。空间布局未充分考虑文化元素的融入，缺乏创新性和艺术性，导致街道缺乏文化特色和吸引力。科学院南路不具有区别于其他城市街道的特性，街道内缺乏具有辨识度的文化符号和标识（如雕塑、壁画等），难以形成独特的文化形象，不能体现城市主要特征及人文内涵。

6.5.2 科学院南路优化建议

作为丰富性街道的科学院南路应进一步提炼和发扬自身的风貌特色，优化视觉环境，满足人们休闲、购物、教育、出行四类需求。优化建议从打造多元协调的功能业态、塑造统一和谐的建筑风貌及营造氛围浓厚的场所空间三个维度着手，依托场景与本地文化的有机融合，重点打造六大场景，构建可感知、可参与的消费体验新空间，提升居民幸福感。

6.5.2.1 打造多元协调的功能业态

设计师根据科学院南路发展需求，合理规划功能分区，使南段和北段业态错位发展，确保不同业态在空间布局上的协调性和互补性，从南到北依次设置特色商业段、品质生活段及商务办公段（图6-74和图6-75）。一方面，特色商业段应调整商业业态类型，增加体验式或休闲式商业服务功能，以避免特色小吃、特色餐厅等餐饮业态的同质化竞争，并增强街道消费活动的可停留性与可持续性，塑造街道高商业活力的风貌特色。另一方面，品质生活段与商务办公段应完善街道家具、绿化植被的配置，加强对公共空间的管理，避免车辆无序停放和商店占道经营对街道外显风貌的劣化影响。

在品质生活段，街道界面要简洁、庄重，体现生活节奏。科学院南路侧界面多由商业界面与住宅或公共服务建筑外围格栅界面组成，设计师要对沿街侧界面进行微改造来优化行人视觉环境，丰富视觉体验。图6-76所示街道位于知春路社区东侧，街道界面以通透格栅为主，较为单一，鼓励增设沿街商业报亭及休闲停留设施，在通透格栅处嵌入小型商业空间或摆设移动商业来增加商业界面，增加格栅界面的视觉丰富度，增加街道空间的活力。

特色商业段应热烈、精细、疏密有致，具有艺术品位。建筑立面既协调又富有变

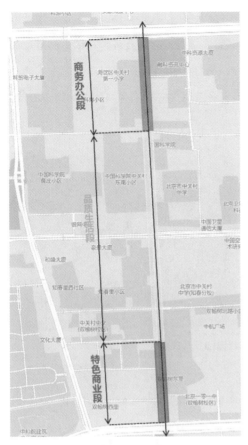

图 6-74 科学院南路规划分区
（图片来源：作者自绘）

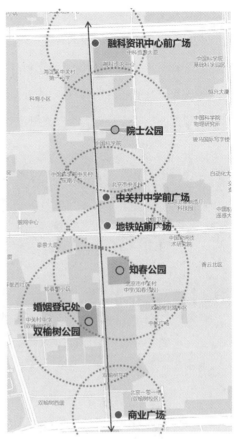

图 6-75 科学院南路重点场景
（图片来源：作者自绘）

图 6-76 知春路社区东侧改造示意
（图片来源：作者自绘）

化的沿街商铺是科学院南路早期临街建筑的特色，也是行人步行体验的重点。设计师可以对沿街商铺立面进行改造升级，统一店铺牌匾设计，打造开放、互动、高舒适性的底层界面。图 6-77 所示街道位于科学院南路与知春路交叉口附近，改造方式为改变临街建筑立面的通透性，将封闭的界面改为具有延展性的界面并统一店铺牌匾设计，丰富街道空间的立面景观，改善临街建筑的驻留与活动空间。

图 6-77 科学院南路与知春路交叉口改造示意
（图片来源：作者自绘）

设计师可以优化步行区空间尺度，改善临街建筑的驻留与活动空间。以 UME 影城周边环境改造为例，设计师改造附近的步行空间、设置公共艺术装置、利用高差营造休憩区域、增加非机动车位和外卖员驿站，凸显街区文化、激活街道活力（图 6-78）。

图 6-78 UME 影城周边环境改造示意
（图片来源：作者自绘）

商务办公段应安全、便捷。设计师可以增设公交站点和地铁线路，优化交通网络，减少交通拥堵，鼓励绿色出行，建设安全、便利的步行道和自行车道并配备相应的设施。根据商务办公段街道的特点和需求，设计师可以引入国际品牌旗舰店、时尚餐饮等现代商业业态，满足市民的多元化需求。如图 6-79 所示，融科资讯中心建筑前区应引入现代商业，协调建筑立面，规范机动车和非机动车停放区域。

图 6-79 融科资讯中心周边环境改造示意
（图片来源：作者自绘）

6.5.2.2 塑造统一和谐的建筑风貌

设计师可以按照建筑尺度、类型、风貌分段整治，营造协调统一、轮廓清晰的沿街立面。依据科学院南路现状调查，设计师将其街道风貌分为特色商业风貌区、新中式科教风貌区和现代都市风貌区，参照区段风貌主题设计建筑立面改造措施（表6-14）。设计师制订引导性方案来规范立面色彩，统一协调店招、店牌的位置、尺寸、色彩，保证其与建筑主体色彩相协调并满足相关技术规范。

表 6-14 科学院南路建筑立面整治引导

沿街界面	特色商业段	品质生活段	商务办公段
街道风貌	特色商业风貌区	新中式科教风貌区	现代都市风貌区
建筑立面改造措施	建筑外墙整体清洗，局部立面重构，改变外墙的局部材料(建议采用石材、仿古砖、木雕等)	注重保留传统建筑的精髓，如檐口、窗花等元素，同时结合现代建筑材料	建筑外墙整体清洗，局部立面重构，改变外墙的局部材料(建议采用银灰色、白色面砖、铝板或穿孔板)
店铺招牌	统一店铺招牌尺寸、位置、材料、色彩		

（资料来源：作者自绘）

在特色商业风貌区的建筑立面改造中，设计师的重点在于提升建筑的商业吸引力和文化特色。首先，采用具有地方特色的材料和装饰元素，如石材、仿古砖、木雕等，展现该区域独特的商业氛围。其次，增设广告牌、霓虹灯等现代商业元素，增强建筑的视觉冲击力，吸引顾客的目光。再次，注重建筑立面的色彩搭配和光影效果，营造温馨、舒适的商业环境。最后，在立面设计中融入地域文化和历史元素，使建筑成为商业街区的一部分，增强整体的文化底蕴。

新中式科教风貌区的建筑立面改造应体现传统文化的传承与现代教育的融合。在改造过程中，设计师应注重保留传统建筑的精髓，如檐口、斗拱、窗花等元素，同时结合现代建筑材料和工艺，进行创新和提升。设计师可以运用石材、木材、玻璃等材料，打造具有新中式风格的建筑立面。此外，设计师应注重建筑的细部处理和景观环境的营造，如设置雕塑、喷泉、景观墙等，为科教区域增添艺术气息和人文内涵。

现代都市风貌区的建筑立面改造应体现现代都市的时尚感和科技感。在改造过程中，设计师可以采用先进的建筑材料和技术手段，如玻璃幕墙、LED 显示屏、智能遮阳系统等，提升建筑的现代感和科技感。同时，设计师应注重建筑的外观设计和环境营造，打造简洁、大气的现代建筑形象。设计师可以通过优化立面的色彩搭配和材料选择，提升建筑的视觉美感，营造都市的现代氛围；还可以结合绿色建筑理念，采用节能、环保的建筑材料和技术手段，提高建筑的能源利用效率和环境质量。

（1）修缮建筑轮廓：针对部分高度参差不齐、界面破碎、立面陈旧的建筑，可采用格栅装配的做法，使格栅与原建筑构造脱开，便于循环利用。建筑色彩应尽可能延续原有颜色，建筑顶部样式应统一。例如，IU 酒店、UME 影城等部分建筑较为老旧，建筑轮廓不统一，需要优化建筑立面，降低行人视觉感知的复杂程度（图6-80和图6-81）。

图 6-80 IU 酒店建筑立面改造示意
（图片来源：作者自绘）

图 6-81 UME 影城建筑立面改造示意
（图片来源：作者自绘）

（2）优化建筑立面：针对部分新建建筑，可结合底层建筑色彩特色打造丰富的空间视觉效果，如利用底层的橱窗与广告展示体现多彩商业空间。例如，科学院南路南侧写字楼可统一立面设计，底层广告大屏可采用 3D 裸眼大屏交互设计，丰富感官体验。

6.5.2.3 营造氛围浓厚的场所空间

为营造氛围浓厚的场所空间，吸引行人开展丰富的步行活动，设计师对生活性街道空间中闲置的、可利用价值较高的场所空间进行统一梳理，结合现状街头活动空间打造了开敞空间节点（图6-82），包括商业节点、休憩节点、交往节点、科教节点，如在尺度较大的街边广场和商业入口空间配置大型活动场地、在街角公园设置棋牌空间等小型活动场地。通过空间资源的整合，设计师营造了多个各有特色的绿化开敞空间，充分发挥了街道空间的功能承载能力，丰富了科学院南路的文化氛围，提升了可意向性。

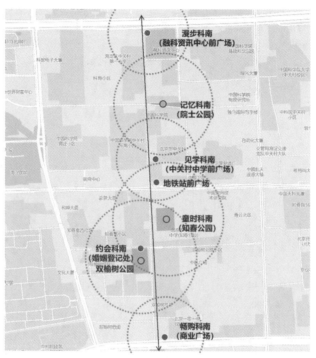

图6-82 科学院南路积极场所空间布局示意
（图片来源：作者自绘）

（1）提供多样空间。

设计师通过在科学院南路植入不同功能节点营造积极活动与停驻场所，满足使用者视觉感知需求，促进社会交往，丰富文化氛围。本次设计在科学院南路植入四类场所空间（表6-15）。

表 6-15　积极场所空间示意

空间类型	位置	设计意向
商业节点	UME影城、融科资讯中心	 
休憩节点	院士公园、知春公园	 
交往节点	海淀区民政局婚姻登记处、双榆树公园	 
科教节点	中关村中学	 

（资料来源：https://cn.bing.com/）

商业节点：在 UME 影城和融科资讯中心外植入商业节点，展现城市朝气蓬勃的精神风貌。设计师通过摆放街头外摆座椅和建筑装置，为行人提供休憩空间并增加行人的交往机会，增设商业外摆，丰富互动、演出空间，增强街道氛围和吸引力。

休憩节点：结合现状绿地在院士公园和知春公园植入休憩节点，强调空间的围合和视觉的中心点，开发表演场所或民俗文化展示空间，使空间不仅可以看景，还可以开展表演、布展等活动，增加街道空间的丰富性；考虑居民的行为习惯和心理需求，改造绿化带，放置休憩设施，设置照明设施，既能满足休憩需求，又能提升心理舒适度。

交往节点：双榆树公园充分考虑了各年龄段人群的空间需求，重视交往设施设计，提供多样的环境及设施，满足各年龄段人群的活动需求，激发交往活动。针对新婚年轻人，结合婚姻登记处设置拍照打卡点；针对老年群体，在北侧花池边布置适合居民锻炼的健身器材，在广场中央布置运动主题雕塑；针对儿童，设置专属活动空间，确保活动空间内没有锐利的边角，对家具、设备等的尖角进行软包处理，选择防滑、耐摔地面材料。

科教节点：在中关村中学附近植入科教宣传栏，将社区的历史融入公共空间，寓教于乐。增设安全设施，增加地面斑马线与限时临时停车区域，结合铺砖引导线和交通指示设施保障行人安全过街；匹配人群使用需求，为家长提供等候设施，在非接送时段为居民提供休息设施；考虑实时便利性、智慧设施需求，在活动场地中设置共享单车停放处以及智能共享电子广告牌等设施，做到多杆合一，实现资源配置共享。

（2）引入街头事件。

设计师可以结合各类积极场所空间举办多样化的活动，通过组织夜跑活动、相亲会、科普研学活动等，促进居民之间的社会交往，关注居民身心健康（表6-16）。结合科学院南路的慢行步道引入夜跑活动，通过组织定期的夜跑活动鼓励居民在夜晚的街头感受跑步的乐趣，为居民提供一个结识新朋友、交流跑步经验的平台。为了拓宽居民的社交圈子，在海淀区婚姻登记处附近举办相亲会，在充满浪漫氛围的街头设置相亲角，为单身男女提供一个相识、相知的机会；通过设置各种互动游戏和环节，让参与者在轻松愉快的氛围中相互了解。结合院士公园、中关村中学前广场等区域，引入科普研学活动，打造一个流动的科普课堂；通过设立科普展板、组织科普讲座和实践活动等方式，增添场所文化氛围，提升居民文化素养。

表6-16　街道活动类型

街道活动	内容	意向图
夜跑活动	1. 荧光夜跑：参与者携带荧光棒等道具，在夜晚进行长跑 2. 趣味活动：在长跑过程中设置多个趣味活动，如叠罗汉、挑红豆、踢毽子等	
相亲会	1. 个人表演：歌舞、魔术等 2. 互动游戏：现场有奖猜谜、互动小游戏等 3. 信息交流：参与者交换名片，介绍自己 4. 浪漫约谈：提供一张桌子、两把椅子，供有交流意向的青年男女深入沟通	

街道活动	内容	意向图
科普研学活动	1. 科普讲座与展览：设立科普展板、组织科普讲座和实践活动等 2. 科普问答与竞赛：设置科普问答环节，鼓励参与者积极回答问题，增强学习效果	

（资料来源：https://image.so.com/i?q=%E7%9B%B8%E4%BA%B2%E4%BC%9A&src=tab_www）

（3）倡导公众参与。

倡导公众参与，鼓励科学院南路周边居民组建非营利性的社区组织。该组织由社区居委会、居民代表、地方企业及规划设计师等多元主体构成，旨在通过协商共治的方式，共同打造、使用和治理街头的活动场所，提升科学院南路的活力。同时，社区居民应积极对街道周边的绿地、树池及社交空间进行分区管理和自主维护，这不仅能够有效弥补传统街区在活动空间上的不足，为社区自发组织的各类文体活动提供便利，还能增强居民的社区归属感与责任感，使居民更加积极地融入社区生活，促进邻里和谐共处。

6.6 本章小结

本章基于街景要素构成差异将生活性街道分为开放性街道、舒适性街道、安全性街道和丰富性街道，提出生活性街道空间视觉环境提升目标：打造视野宜人、层次丰富的开放性街道；打造景致优美、绿化多样的舒适性街道；打造空间安全、体验丰富的安全性街道；打造印象多元、视觉协调的丰富性街道。本章分别选取蓝靛厂路、双榆树北路、曙光花园中路、科学院南路四条典型案例街道进行改造提升，以期为生活性街道空间视觉环境优化提供参考。

7

结论与展望

7.1 研 究 结 论

在城市精细化和数字化治理背景下，本研究从行人视觉角度出发，在对视觉感知、街景图像和生活性街道相关研究进行梳理总结的基础上，分析生活性街道空间视觉环境现状问题，以街景图像构成行人视觉感知"场景"，采用图像语义分割、外部形状指数、分形维数等方法深入挖掘图像数字信息。本研究从空间开放性、空间舒适性、空间安全性、空间丰富性四个维度构建生活性街道空间视觉环境评价指标体系，以北京市海淀区 735 条生活性街道为研究对象进行实证研究，研究结论如下。

（1）明确了生活性街道空间要素与视觉环境关联性。

通过对相关研究、基础理论的梳理以及实地调研分析，本研究总结归纳出生活性街道空间视觉环境存在视觉效率低下、视觉秩序缺失、视觉信息量低、视觉安全感弱等问题，提出了宜人的视野、优美的景致、安全的空间、多元的印象四项生活性街道空间视觉环境优化原则，从空间开放性、空间舒适性、空间安全性和空间丰富性四个方面分析了生活性街道空间视觉环境的影响因素。

（2）构建了生活性街道空间视觉环境量化测度方法。

本研究基于视觉感知理论和街景图像数据，建立了生活性街道空间视觉环境评价指标体系。评价体系由图像特征提取和主观感知评价两部分构成。在图像特征提取方面，本研究依托大数据的大规模和高精度优势，从行人视觉需求出发筛选出开放性、舒适性、安全性、丰富性四个维度的十项评价指标，在绿视率、天空开阔度、建筑界面围合度等经典指标基础上增加了外部形状指数、计盒维数、二维熵三个指标，对街道空间要素类型及特征进行系统考量，拓展了生活性街道空间视觉环境评价指标体系。在主观感知评价方面，本研究采用图像评分程序对街景图像进行专家评分，并基于 TrueSkill 算法将图像排名数据转化为得分数据，最后通过随机森林算法进行大规模计算，具有较高的实用性。该方法虽不能立即取代长期以来的现场调研的研究方法，但可以为城市更新的大规模量化分析提供依据与参考，可以更好地为未来城市提供基础数据资料和相应的决策支持，可以在一定程度上避免不必要的资金和人力成本的浪费。

（3）进行了生活性街道空间视觉环境评价。

本研究结合 GIS 数据处理与空间分析，解读了海淀区生活性街道空间视觉环境得分空间分布特征和视觉环境指标空间分布特征，并通过多元线性回归探究了生活性街道空间视觉环境影响因素，得出以下主要结论。

海淀区生活性街道空间视觉环境得分分布较为均衡，整体空间分布呈现中部高、南北低的特点。视觉环境得分存在显著空间聚集，其中高-高聚类视觉感知点主要集中在中关村大街、知春路沿线，上地软件园、东升科技园地区，永丰、稻香湖路地铁站周边；高-低聚类和低-高聚类分布相对零散，在海淀区各个区域均有分布。在街区综合感知分布特征方面，整体感知情况较好，高综合感知评价空间主要集中于四环内及上地、清河区域，低综合感知评价空间主要分布于海淀区西南边。高感知评价空间以科技园区和科研院校为主，建筑界面丰富，环境较好，视觉感知得分较高；低感知评价空间人口密度较高，建筑相对老旧，街道绿视率较低，视觉环境欠佳，公平性亟待提高。

本研究对视觉环境指标空间分布特征进行了全方位的解构分析：在空间开放性方面，整体视域空间较为开阔，建筑界面围合度较低，区位差异显著，呈现南高北低的特点；在空间舒适性方面，自然要素占比较为适中，天空开阔度空间分布较为均衡，整体绿化水平较低，内部各分区的差异性较大，整体呈现北高南低的特点；在空间安全性方面，视域空间安全感有待提升，机动车道占比和机动化程度较高，行人出现率和人行道占比较低，空间分布不均衡；在空间丰富性方面，行人视觉信息量较为复杂，街道空间要素线条较为丰富，视觉复杂度较高，建筑界面形态较为破碎，存在一定的视线遮挡，街道空间光影、材质等肌理较为丰富且空间分布均衡。

在影响因素方面，生活性街道空间要素类型及特征均会对视觉环境产生不同程度的影响。机动车出现率、天空开阔度、建筑界面围合度对视觉感知具有负向影响且影响程度逐渐减弱，人行道占比、机动车道占比、行人出现率、绿视率、计盒维数、二维熵和外部形状指数对视觉感知具有正向影响且影响程度逐渐减弱。

（4）提出了生活性街道空间视觉环境优化建议。

本研究从视觉需求出发，针对不同生活性街道街景要素构成差异，将生活性街道分为开放性街道、舒适性街道、安全性街道和丰富性街道，并有针对性地提出优化建议：通过控制建筑尺度、完善底层空间、丰富空间层次，打造视野宜人、层次丰富的开放性街道；通过绿化布局合理、绿化配置多样、街道家具舒适，打造景致优美、绿化多样的舒适性街道；通过梳理道路结构、细化道路设计、强化街道导向，打造空间安全、体验丰富的安全性街道；通过细化第一轮廓、规范立面秩序、营造积极空间，打造印象多元、视觉协调的丰富性街道。本研究分别选取蓝靛厂路、双榆树北路、曙光花园中路、科学院南路四条典型案例街道进行改造提升。

7.2　研究创新点

（1）研究视角：将主观感知与客观街道空间指标相结合。

随着新技术的发展，关于生活性街道的研究以客观指标的大规模测度为主，对人本尺度的主观感知的研究较为匮乏。本研究从视觉感知的角度出发，将主观视觉环境评价与客观生活性街道空间要素联系起来，更深入地了解生活性街道空间视觉环境影响因素，并提出优化建议。

（2）研究方法：将解构视觉的方法引入生活性街道空间视觉环境评价。

行人视觉感知不是仅受街道单一物质界面的影响，立体空间的感知刺激是综合形成的。以往关于生活性街道的研究多以街道物质空间要素为基础，对街道空间遮挡、分割、光影变化等低级视觉特征缺乏系统考量。本研究将解构视觉的方法引入生活性街道空间研究，从行人视觉需求出发，对建筑、绿化及天空等高级视觉特征和线条、形态、肌理等低级视觉特征进行系统考量，建立生活性街道空间视觉环境评价体系。

7.3　研　究　展　望

随着"城本主义"向"人本主义"转变，在城市精细化治理中，人的感知体验应该被着重关注。生活性街道是城市中重要的公共空间，人们对城市环境最直观的感受主要来源于生活性街道。如何在人本视角下对生活性街道空间进行科学、高效、全面的分析是未来的研究方向，需要在以下方面进行完善。

（1）研究数据精准化。本研究选取的是百度街景数据，通过百度 API 对街景数据进行爬取。百度地图数据虽然在国内覆盖范围广、准确性高，但是仍不可避免地存在数据缺失现象。下一阶段，我们可以获取更多样的数据，如遥感数据、车行拍摄、地理标记图片等进行数据的多元化提取，并结合微博、大众点评等主观评价大数据，将主观数据和客观数据结合，实现更为精确的测量效果，更深入地分析公众对街道空间的感知。

（2）研究方法有效化。专家在进行打分时，无法完全感受现场的空间，缺乏完整的空间体验。在未来的研究中，我们可以结合 VR 对街道进行高精度的模型建立，并模拟采集数据时影响人感官的元素，使评价结果更加精确，为城市设计的研究者们提供更好的反馈与数据支持。

参考文献

[1]李德华. 城市规划原理[M]. 3版. 北京: 中国建筑工业出版社, 2001.

[2]KAPLAN S, TALBOT J F. Psychological Benefits of a Wilderness Experience[M]// Behavior and the Natural Environment. Boston, MA: Springer US, 1983: 163-203.

[3]卡米诺·西特. 城市建设艺术: 遵循艺术原则进行城市建设[M]. 仲德崑, 译. 南京: 东南大学出版社, 1990.

[4]芦原义信. 街道的美学[M]. 尹培桐, 译. 天津: 百花文艺出版社, 2006.

[5]鲁道夫·阿恩海姆. 建筑形式的视觉动力[M]. 宁海林, 译. 北京: 中国建筑工业出版社, 2006.

[6]简·雅各布斯. 美国大城市的死与生[M]. 金衡山, 译. 南京: 译林出版社, 2006.

[7]扬·盖尔. 交往与空间[M]. 4版. 何人可, 译. 北京: 中国建筑工业出版社, 2002.

[8]高彬, 刘管平. 从视线分析看苏州网师园景观规划[J]. 古建园林技术, 2007(02): 16-19.

[9]姚玉敏, 朱晓东, 徐迎碧, 等. 城市滨水景观的视觉环境质量评价——以合肥市为例[J]. 生态学报, 2012, 32(18): 5836-5845.

[10]李春发, 杨建华. 云台山旅游区视觉环境综合评价[J]. 地域研究与开发, 2009, 28(06): 126-130.

[11]董太和. 立体视觉原理——立体照相理论与实践讲座之四[J]. 照相机, 1994(05): 16-18.

[12]黄向, 保继刚, Wall Geoffrey. 场所依赖(place attachment): 一种游憩行为现象的研究框架[J]. 旅游学刊, 2006(09): 19-24.

[13]邵钰涵, 刘滨谊. 城市街道景观视觉美学评价研究[J]. 中国园林, 2017, 33(09): 17-22.

[14]彭建东, 许琴. 基于多维视觉影响的城市空间环境定量评价探索——以襄阳古城护城河周边地区城市设计为例[J]. 现代城市研究, 2015(10): 36-46.

[15]马兰, 张华, 郭梓峰. 以分形维数测算建筑几何图形的视觉复杂度[J]. 计算机辅助设计与图形学学报, 2019, 31(10): 1809-1816.

[16]严军, 王飞, 蔡安哲, 等. 基于分形理论的城市滨水景观天际线量化分析——以南京玄武湖东岸为例[J]. 现代城市研究, 2017, (11): 45-50.

[17]甘伟, 胡雯, 周钰. 历史文化街区的街景天际线分形特征研究——以凤凰古城为例[J]. 华中建筑, 2020, 38(05): 125-129.

[18]张治清, 贾敦新, 邓仕虎, 等. 城市空间形态与特征的定量分析——以重庆市主城区为例[J]. 地球信息科学学报, 2013, 15(02): 297-306.

[19]杨震, 荣玥芳, 张忠国, 等. 白洋淀地区历史村镇空间形态特征与形成原因分析[J]. 干旱区资源与环境, 2020, 34(08): 154-160.

[20]董贺轩, 高翔. 街道植物空间对步行愉悦度的影响[J]. 风景园林, 2023, 30(01): 54-62.

[21]龙瀛, 唐婧娴. 城市街道空间品质大规模量化测度研究进展[J]. 城市规划, 2019, 43(06): 107-114.

[22]周钰, 张玉坤, 苑思楠. 街道界面心理认知的量化研究[J]. 建筑学报, 2012(S2): 126-129.

[23]张彦芝, 魏薇. 基于市民生活的城市公共空间设计方法[J]. 规划师, 2011, 27(04): 44-51.

[24]孙晨雪, 赵建波. 城市街道界面节奏对行人心理认知的影响[J]. 西部人居环境学刊, 2022, 37(05): 37-44.

[25]杨俊宴, 吴浩, 郑屹. 基于多源大数据的城市街道可步行性空间特征及优化策略研究——以南京市中心城区为例[J]. 国际城市规划, 2019, 34(05): 33-42.

[26]胡昂, 戴维维, 郭仲薇, 等. 城市生活型街道空间视觉品质的大规模测度[J]. 华侨大学学报(自然科学版), 2021, 42(04): 483-493.

[27]方榕, 刘碧玉. 生活性街道的形态规律及其动因研究——以南京为例[J]. 城市发展研究, 2022, 29(12): 129-136.

[28]徐磊青, 孟若希, 陈筝. 迷人的街道: 建筑界面与绿视率的影响[J]. 风景园林, 2017(10): 27-33.

[29]付瑶, 王枢文, 刘宇彤, 等. 寒地商业街底层临街面视觉感知测度量化研究[J]. 西安建筑科技大学学报(自然科学版), 2022, 54(03): 364-375.

[30]黄丹, 戴冬晖. 生活性街道构成要素对活力的影响——以深圳典型街道为例[J]. 中国园林, 2019, 35(09): 89-94.

[31]陈婧佳, 张昭希, 龙瀛. 促进公共健康为导向的街道空间品质提升策略——来自空间失序的视角[J]. 城市规划, 2020, 44(09): 35-47.

[32]韩君伟, 董靓. 基于心理物理方法的街道景观视觉评价研究[J]. 中国园林, 2015, 31(05): 116-119.

[33]李鑫, 吴丹子, 李倞, 等. 基于深度学习的城市滨河绿道景观视觉感知评价研究[J]. 北京林业大学学报, 2021, 43(12): 93-104.

[34]黄竞雄, 梁嘉祺, 杨盟盛, 等. 基于街景图像的旅游地街道空间视觉品质评价方法[J]. 地球信息科学学报, 2024, 26(02): 352-366.

[35]陈泳, 赵杏花. 基于步行者视角的街道底层界面研究——以上海市淮海路为例[J]. 城市规划, 2014, 38(06): 24-31.

[36]李诗卉, 杨卓, 梁潇, 等. 东四历史街区: 基于多时相街景图片的街道空间品质测度[J]. 北京规划建设, 2016(06): 39-48.

[37]戴智妹, 华晨. 基于街景的街道空间品质测度方法完善及示例研究[J]. 规划师, 2019, 35(09): 57-63.

[38]叶宇, 张昭希, 张啸虎, 等. 人本尺度的街道空间品质测度——结合街景数据和新分析技术的大规模、高精度评价框架[J]. 国际城市规划, 2019, 34(01): 18-27.

[39]裴昱, 阚长城, 党安荣. 基于街景地图数据的北京市东城区街道绿色空间正义评估研究[J]. 中国园林, 2020, 36(11): 51-56.

[40]李智轩, 何仲禹, 张一鸣, 等. 绿色环境暴露对居民心理健康的影响研究——以南京为例[J]. 地理科学进展, 2020, 39(05): 779-791.

[41]黄邓楷, 袁磊. 跑步频率与街区环境特征关联研究——基于街景图片和公众参与地理信息系统视角[J]. 南方建筑, 2023 (04): 69-78.

[42]郑屹, 杨俊宴. 基于大规模街景图片人工智能分析的精细化城市修补方法研究[J]. 中国园林, 2020, 36(08): 73-77.

[43]江浩波, 卢珊, 肖扬. 基于街景技术的上海历史文化风貌区城市色彩评价方法[J]. 城市规划学刊, 2022(03): 111-118.

[44]邵源, 叶丹, 叶宇. 基于街景数据和深度学习的街道界面渗透率大规模测度研究——以上海为例[J]. 国际城市规划, 2023, 38(06): 39-47.

[45]方榕. 生活性街道的要素空间特征及规划设计方法[J]. 城市问题, 2015(12): 46-51.

[46]谭少华, 胡亚飞, 韩玲. 基于人群心理满足的城市美丽街道环境特征研究[J]. 新建筑, 2016(01): 64-70.

[47]李渊, 黄竟雄, 梁嘉祺, 等. 文化遗产地商业街道空间视觉吸引力及其感知的影响因素研究——以鼓浪屿龙头路为例[J]. 西部人居环境学刊, 2022, 37(02): 114-121.

[48]方智果, 刘聪, 肖雨, 等. 基于深度学习和多源数据的街道美感评价与影响因素分析——以上海为例[J]. 国际城市规划, 2023, 38(06): 48-58.

[49]谭少华, 高银宝, 李立峰, 等. 社区步行环境的主动式健康干预——体力活动视角[J]. 城市规划, 2020, 44(12): 35-46+56.

[50]董禹, 李珍, 董慰. 生活性街道环境感知特征对居民心理健康的影响: 哈尔滨市老城区的实证研究[J]. 中国园林, 2021, 37(11): 45-50.

[51]卢哲. 基于包容性的台北市生活性街道形塑策略研究[D]. 广州: 华南理工大学, 2016.

[52]薛忠燕. 人性化、情感化的街道空间[D]. 天津: 天津大学, 2004.

[53]黄婧. 基于多源大数据的西安回坊生活性街道活力测度研究[D]. 西安: 西安建筑科技大学, 2021.

[54]韩君伟. 步行街道景观视觉评价研究[D]. 成都: 西南交通大学, 2018.

[55]冯旦. 影响城市街道步行舒适性的物质环境要素探究[D]. 重庆: 重庆大学, 2018.

[56]贺璟寰. 城市生活性街道界面研究[D]. 长沙: 湖南大学, 2008.

[57]冯永民. 基于人性化的城市生活性街道空间设计策略研究[D]. 邯郸: 河北工程大学, 2017.

[58]麻骞予. 空间活力视角下的资阳市宝台片区生活性街道界面优化设计研究[D]. 重庆: 重庆大学, 2020.

[59]邹韵. 基于情绪地图的生活性街道空间特征研究[D]. 沈阳: 沈阳建筑大学, 2020.

[60]赵宏振. 城市生活性街道景观生态化设计方法研究[D]. 大连: 大连工业大学, 2016.

[61]樊梦雪. 基于街景图像的沈阳市生活性街道景观要素及连续性研究[D]. 沈阳: 沈阳农业大学, 2022.

[62]许光庆. 生活性街道环境要素对居民行为与满意度评价影响研究[D]. 青岛: 青岛理工大学, 2022.

[63]冯苗苗. 疗愈导向下城市生活性街道空间更新策略研究[D]. 大连: 大连理工大学, 2022.

[64]余艳薇. 生活性街道建成环境对步行活动的影响机制研究[D]. 武汉: 华中科技大学, 2021.

[65]秦晴. 城市街道景观的视觉评价应用研究[D]. 西安: 长安大学, 2008.

[66]余付蓉. 基于腾讯街景的长三角主要城市林荫道景观视觉评价[D]. 上海: 上海师范大学, 2019.

[67]曾祥焱. 基于眼动分析法的武汉东湖绿道景观视觉质量评价研究[D]. 武汉: 华中科技大学, 2017.

[68]冀开元. 基于虚拟现实的沿街建筑界面城市设计研究[D]. 北京: 北京建筑大学, 2020.

[69]李登岸. 基于驾驶员视觉特性的城市道路景观评价指标研究[D]. 西安: 长安大学, 2022.

[70]缪岑岑. 基于街景图片数据的城市街道空间品质测度与影响机制研究[D]. 南京: 东南大学, 2018.

[71]张瑞方. 城市街道空间品质评价与分析[D]. 邯郸: 河北工程大学, 2020.

[72]蒋芳. 基于空间感知的济南市马鞍山路特色街区街道空间品质评价与优化研究[D]. 济南: 山东建筑大学, 2021.

[73]MARCH A , RIJAL Y , WILKINSON S , et al. Measuring building adaptability and street vitality[J]. Planning Practice & Research, 2012, 27(5): 531-552.

[74]ULRICH R S. Visual landscapes and psychological well‑being [J]. Landscape Research, 2007, 4(1): 17-23.

[75]WILLIAMS D R, VASKE J J. The measurement of place attachment: Validity and generalizability of a psychometric approach[J]. Forest Science, 2003, 49(6): 830-840.

[76]LEWICKA M . Place attachment: How far have we come in the last 40 years?[J]. Journal of Environmental Psychology, 2010, 31(3): 207-230.

[77]BENEDIKT M L. To take hold of space: isovists and isovist fields[J]. Environment and Planning B: Planning and Design, 1979, 6(1): 47-65.

[78]ALVAREZ G A, CAVANAGH P. The capacity of visual short-term memory is set both by visual information load and by number of objects[J]. Psychological Science, 2004, 15(2): 106-111.

[79]ITTI L. Models of bottom-up attention and saliency[J]. Neurobiology of Attention, 2005, 12(1): 576-582.

[80]MEHTA V . Walkable streets: Pedestrian behavior, perceptions and attitudes[J]. Journal of Urbanism: International Research on Placemaking and Urban Sustainability, 2008, 1(3): 217-245.

[81]SHEPPARD S R J. Visual simulation: A user's guide for architect, engineers, and planners[J]. Choice Reviews Online, 1989, 27(04).

[82]III A E S . Simulation effects on environmental preference[J]. Journal of Environmental Management, 1993, 38(2): 115-132.

[83]STEWART W P, GOBSTER P H, RIGOLON A, et al. Resident-led beautification of vacant lots that connects place to community[J]. Landscape and Urban Planning, 2019, 185: 200-209.

[84]KAŹMIERCZAK A . The contribution of local parks to neighbourhood social ties[J]. Landscape and Urban Planning, 2013, 109(1): 31-44.

[85]YUNMI P , MAX G . Pedestrian safety perception and urban street settings[J]. International Journal of Sustainable Transportation, 2020, 14(11): 860-871.

[86]ABHIJITH K , KUMAR P , GALLAGHER J , et al. Air pollution abatement performances of green infrastructure in open road and built-up street canyon environments – A review[J]. Atmospheric Environment, 2017, 162: 71-86.

[87]KLEMM W , HEUSINKVELD G B , LENZHOLZER S , et al. Street greenery and its physical and psychological impact on thermal comfort[J]. Landscape and Urban Planning, 2015, 138: 87-98.

[88]RAHUL G , T M L G , ANNA G , et al. Estimating city-level travel patterns using street imagery: A case study of using Google Street View in Britain[J]. PloS one, 2018, 13(5): e0196521.

[89]CAI B Y, LI X, SEIFERLING I, et al. Treepedia 2.0: Applying deep learning for large-scale quantification of urban tree cover[C]//2018 IEEE International Congress on Big Data (BigData Congress). IEEE, 2018: 49-56.

[90]TANG X, ZHANG L, CHEN Z, et al. Urban street landscape analysis based on street view image recognition[C]//2020 International Conference on Urban Engineering and Management Science (ICUEMS). IEEE, 2020: 145-150.

[91]JIE W , LIANG C , SENSEN C , et al. A green view index for urban transportation: How much greenery do we view while moving around in cities?[J]. International Journal of Sustainable Transportation, 2019: 1-18.

[92]YE Y, RICHARDS D, LU Y, et al. Measuring daily accessed street greenery: A humanscale approach for informing better urban planning practices[J]. Landscape and Urban Planning, 2019, 191: 103434.

[93]EGLI V, ZINN C, MACKAY L, et al. Viewing obesogenic advertising in children's neighbourhoods using Google Street View[J]. Geographical Research, 2019, 57(1): 84-97.

[94]YUHAO K, FAN Z, SONG G, et al. A review of urban physical environment sensing using street view imagery in public health studies[J]. Annals of GIS, 2020, 26(3): 261-275.

[95]LI D, DEAL B, ZHOU X, et al. Moving beyond the neighborhood: Daily exposure to nature and adolescents' mood[J]. Landscape and Urban Planning, 2018, 173: 33-43.

[96]HU L, WU X, HUANG J, et al. Investigation of clusters and injuries in pedestrian crashes using GIS in Changsha, China[J]. Safety Science, 2020, 127: 104710.

[97]QIN K, XU Y, KANG C, et al. A graph convolutional network model for evaluating potential congestion spots based on local urban built environments[J]. Transactions in GIS, 2020, 24(5): 1382-1401.

[98]YAO Y, ZHAOTANG L, ZEHAO Y, et al. A human-machine adversarial scoring framework for urban perception assessment using street-view images[J]. International Journal of Geographical Information Science, 2019, 33(12): 2363-2384.

[99]ZHANG F, ZHOU B, LIU L, et al. Measuring human perceptions of a large-scale urban region using machine learning[J]. Landscape and Urban Planning, 2018, 180: 148-160.

[100]SPANJAR G, SUURENBROEK F. Eye-tracking the city: Matching the design of streetscapes in high-rise environments with users' visual experiences[J]. Journal of Digital Landscape Architecture (JoDLA), 2020, 5: 374-385.

[101]AMUNDADOTTIR L M, ROCKCASTLE S, KHANIE S M, et al. A human-centric approach to assess daylight in buildings for non-visual health potential, visual interest and gaze behavior[J]. Building and Environment, 2017, 113: 5-21.

[102]SUN M, HERRUP K, SHI B, et al. Changes in visual interaction: Viewing a Japanese garden directly, through glass or as a projected image[J]. Journal of Environmental Psychology, 2018, 60: 116-121.

[103]WANG R , ZHAO J , MEITNER J M , et al. Characteristics of urban green spaces in relation to aesthetic preference and stress recovery[J]. Urban Forestry & Urban Greening, 2019, 41(23): 6-13.

[104]NG W Y, CHAU C K, POWELL G, et al. Preferences for street configuration and street tree planting in urban Hong Kong[J]. Urban Forestry & Urban Greening, 2015, 14(1): 30-38.

[105]WAKIL K, HUSSNAIN M Q, TAHIR A, et al. Regulating outdoor advertisement boards;employing spatial decision support system to control urban visual pollution[C]// IOP Conference Series: Earth and Environmental Science. IOP Publishing, 2016, 37(1): 012060.

[106]SCHLKOPF B, PLATT J, HOFMANN T. TrueSkill: A Bayesian skill rating system[J]. Advances in Neural Information Processing Systems, 2006, 19.

[107]WAISHAN Q , WENJING L , XUN L , et al. Subjectively measured streetscape perceptions to inform urban design strategies for Shanghai[J]. International Journal of Geo-information, 2021, 10(8): 493.

[108]LEE M, SONG I A. Study on the visual continuity expressed on facade and signboard of commercial street[J]. J. Brand Des. Assoc Korea, 2018, 16: 183-194.

[109]AZEEMA N, NAZUK A. Is billboard a visual pollution in Pakistan[J]. Int. J. Sci. Eng. Res, 2016, 7(7): 862-877.